Die elektrische Beleuchtung von Eisenbahnfahrzeugen

Von

Dipl.-Ing. Eugen Aumüller

Frankfurt/Main

Mit 122 Abbildungen

Springer-Verlag

Berlin/Göttingen/Heidelberg

1955

ISBN-13:978-3-642-92637-2   e-ISBN-13:978-3-642-92636-5

DOI: 10.1007/978-3-642-92636-5

Vorwort.

Die elektrische Beleuchtung von Eisenbahnfahrzeugen ist in den letzten Jahrzehnten durch viele Neuerungen und technische Verbesserungen umgestaltet worden. In jüngster Zeit hat auch die Leuchtstofflampe mit ihrer hohen Lichtausbeute im Eisenbahnfahrzeug Eingang gefunden, wodurch die Beleuchtungsstärke wesentlich erhöht werden konnte. Die unabhängige Stromquelle mit Achsgenerator und Batterie wird nicht nur für die Beleuchtung, sondern auch für die Stromspeisung anderer technischer Einrichtungen und Hilfsbetriebe im Eisenbahnwagen, wie z. B. Heizung, Lüftung, Klimaanlage, Funksprechanlage usw., mit herangezogen und muß dann um ein Vielfaches verstärkt werden.

In dem Buch von Dr. MAX BÜTTNER „Die Beleuchtung von Eisenbahn-Personenwagen", dessen vierte und letzte Auflage im Jahre 1929 erschienen ist, wird die fortschreitende Entwicklung und Einführung der elektrischen Zugbeleuchtung in Europa und Übersee ausführlich beschrieben. Da ich bei der Herausgabe der dritten und vierten Auflage den Verfasser mit unterstützen durfte, ferner ein zeitgemäßes Buch in dieser Ausgestaltung bisher nicht mehr erschienen ist, habe ich mich entschlossen, das vorliegende Buch herauszubringen, das einen technischen Überblick über die hauptsächlich angewendeten Beleuchtungssysteme im In- und Ausland geben soll. Für die Projektierung und Ausführung sind im Anhang die wichtigsten Formeln und Tabellen der Elektrotechnik, ferner technische Angaben über die Bauteile der Beleuchtungsanlagen, wie sie in Deutschland gebräuchlich sind, zusammengestellt. Ein kurzer Abschnitt ist der Lichttechnik gewidmet, zumal in der letzten Zeit verschiedene neue und international gültige Festlegungen gemacht worden sind.

Um das Buch nicht über den vorgefaßten Umfang hinauswachsen zu lassen, konnte ich manche Einzelheiten nicht in der gewünschten

Ausführlichkeit bringen. Auch technische Neuerungen, die sich zur Zeit noch im Stadium der Entwicklung befinden und von denen man heute nicht absehen kann, ob sie in Zukunft eine Bedeutung erlangen oder nicht, wurden entweder kurz angedeutet oder unerwähnt gelassen. Trotzdem hoffe ich, daß dieses Buch dem Interessenten und Fachkundigen ein wertvolles Hilfsmittel werden möge.

Meinen Kollegen und Fachfreunden, die mich bei meiner Arbeit unterstützten, sowie den Dienststellen der Bahnen und den Firmen, die mir technische Unterlagen bereitwilligst zur Verfügung gestellt haben, möchte ich hiermit meinen herzlichen Dank zum Ausdruck bringen.

Frankfurt a.M., im September 1955.

Eugen Aumüller.

Inhaltsverzeichnis.

Inhaltsverzeichnis.

Einleitung — Geschichtlicher Rückblick.

Auch heute noch ist die Eisenbahn in den meisten Kulturländern der Hauptverkehrsträger, wenngleich ein beträchtlicher Teil des Reiseverkehrs auf Flugzeug und Kraftfahrzeug abgewandert ist. Das Flugzeug, mit seiner unvergleichbar höheren Reisegeschwindigkeit, hat vor allem den Langstrecken- und Übersee-Reiseverkehr an sich gerissen. Nicht nur die Eisenbahn, sondern ganz besonders auch das Passagierschiff, hat dadurch erhebliche Einbuße an Fahrgästen erlitten. Als ein noch gefährlicherer Wettbewerber für die Eisenbahn erweist sich der Personenkraftwagen und der Kraftomnibus, der auch bei Massenbeförderung von Reisegesellschaften ihr viel Abbruch tut.

Die Bahnverwaltungen haben in letzter Zeit klar erkannt, daß es Möglichkeiten gibt, einen großen Teil der abgewanderten Fahrgäste zurückzuholen. Es sind dies einerseits die Erhöhung der Reisegeschwindigkeit und günstige Gestaltung des Fahrplanes, andererseits aber die Modernisierung der Wagen und Hebung des Reisekomforts. Der Reisende auf der Eisenbahn erhebt heute Anspruch auf helle Beleuchtung, richtig temperierte Heizung und alle anderen Bequemlichkeiten, welche ihm in einem modernen Gasthaus oder Hotel geboten werden.

Daher ist der Eisenbahntechniker und Waggonbauer bestrebt, mit den zur Verfügung stehenden technischen Mitteln die Beleuchtung, Beheizung und Belüftung sowie die Raumgestaltung und die Ausstattung der Wagen nach modernen Gesichtspunkten auf einen hohen Stand zu bringen.

Zur Lösung dieser Aufgaben ist die Bereitstellung einer ausreichenden elektrischen Energie notwendig. Die verschiedenen Arten der elektrischen Stromversorgung sowie die Gestaltung einer modernen Beleuchtung sollen in diesem Buch nach dem gegenwärtigen Stand der Technik beschrieben werden.

Die geschichtliche Entwicklung der elektrischen Beleuchtung in Eisenbahnwagen sei in dem folgenden kurzen Überblick erwähnt.

Die ersten Eisenbahnen hatten keine Einrichtung für die Beleuchtung der Wagen. Die Züge besaßen lediglich vorn an der Lokomotive und am letzten Wagen des Zuges Signallampen. In Preußen wurde durch Erlaß des Kabinetts des Ministers VON BODELSCHWINGH auf Befehl des Königs Friedrich Wilhelm IV. die Einführung einer Wagenbeleuchtung angeordnet. Dieser Erlaß vom 11. XI. 1844 lautet:

„Des Königs Majestät halten es der Sicherheit und des Anstandes wegen für wünschenswert, daß die Eisenbahnwagen während der nächtlichen Züge erleuchtet werden."

Die ursprüngliche Kerzenbeleuchtung wurde bald durch die Ölbeleuchtung verdrängt. Diese war bei den europäischen Bahnen sehr lange vorherrschend. Später wurde die Petroleumlampe eingeführt. Anfang der 70er Jahre hat die Firma *Julius Pintsch* die ersten Wagen mit Ölgasbeleuchtung nach ihrem System ausgerüstet. Die Fortschritte dieser Beleuchtung durch Anwendung von Intensiv-Lampen, Auerbrennern usw. brachten es mit sich, daß die Gasbeleuchtung immer mehr Fuß faßte und eine sehr große Verbreitung erfuhr.

Trotzdem kamen mit Beginn der industriellen Entwicklung der Elektrotechnik Bestrebungen auf, die Vorteile der elektrischen Beleuchtung auch für Eisenbahnwagen nutzbar zu machen. Die Unvollkommenheit der erforderlichen Apparate, Akkumulatoren, Generatoren usw. machten jedoch lange Zeit hindurch alle Bemühungen erfolglos. Die Lösung der an sich verhältnismäßig einfach erscheinenden Aufgaben erwies sich immer mehr als schwierig und konnte erst von einer fortgeschrittenen Technik bewältigt werden.

Daher gelang es der elektrischen Beleuchtung anfangs nicht, den Siegeszug der Gasbeleuchtung auf den Bahnen Europas und Nordamerikas aufzuhalten. Erst in den letzten Jahren des vergangenen Jahrhunderts trat die elektrische Beleuchtung in den ernsten Wettbewerb mit der Gasbeleuchtung. Begünstigt durch den Fortschritt der Glühlampentechnik, bei welcher die Kohlenfadenlampe durch die Metalldrahtlampe abgelöst wurde, hat sie dann in schneller Folge eine große Verbreitung gefunden.

In vielen Ländern, wie Italien, Frankreich, Schweiz, Dänemark, kam die elektrische Zugbeleuchtung früher als in Deutschland zur Anwendung.

Nachstehend werden im einzelnen die Etappen der Einführung der elektrischen Beleuchtung bei den Eisenbahnen in Deutschland geschildert:

1882 wurden in Deutschland anläßlich der internationalen Elektrizitäts-Ausstellung in München auf der Strecke München—Starnberg die ersten Versuche mit elektrischer Zugbeleuchtung gemacht. Die Ausrüstung lieferte der damalige Mechaniker SCHUCKERT.

1892 beginnt die Deutsche Post mit der Einführung der reinen Batteriebeleuchtung in Bahnpostwagen.

1893 wurden die Züge der Strecke Dortmund—Gronau—Enschede (später Reichsbahn) mit reiner Batteriebeleuchtung versehen.

1894 wurden in München die ersten Personenwagen mit Batteriebeleuchtung ausgerüstet. Spannung 30 V.

1896 wurde in der Eisenbahnhauptwerkstatt Potsdam der Hofzug des Kaisers mit Batteriebeleuchtung ausgerüstet. Lichtspannung 24 V.

1897 wurde in Potsdam ein D-Zugwagen 1. und 2. Klasse und ein Buffetwagen erstmalig mit Achsgenerator und Doppelbatterie, Bauart *Stone*, ausgerüstet. Betriebsspannung 24 V.

1900 wurde bei den Pfälzer Eisenbahnen versuchsweise die elektrische Beleuchtung, Bauart *Stone* eingeführt.

1901 wurden auf der Strecke Berlin—Hamburg und Berlin—Saßnitz im ganzen 24 Lokomotiven und 57 D-Zugwagen mit durchgehender elektrischer Zugbeleuchtung ausgerüstet. Lichtspannung 50 V, Generatorspannung 65 V.

Auf der Lokomotive ist eine Dampfturbine mit 20 PS aufgestellt worden. Jede Glühlampe war mit einem Eisenwasserstoffwiderstand ausgerüstet. Diese Anordnung wurde von der Accumulatoren-Fabrik AG. Berlin in Gemeinschaft mit AEG und SSW, Berlin ausgeführt.

1904 wurden einige Züge mit durchgehender Zugbeleuchtung vom Packwagen aus eingerichtet. Im Packwagen war ein Gleichstromgenerator 65 V eingebaut, der als Achsgenerator direkt auf die Laufachse aufgebaut war. Lieferant AFA und AEG, Berlin.

1905 wurden 7 D-Zugwagen mit dem neuen Querfeldgenerator nach ROSENBERG von der GEZ Berlin ausgerüstet.

1906 wurden bei der sächsischen Staatseisenbahn die ersten D-Zugwagen mit Beleuchtung, Bauart BBC, ausgerüstet.

1908 wurden einige Züge, deren Wagen Gasbeleuchtung besaßen, zusätzlich mit einer durchgehenden elektrischen Leselampenbeleuchtung, Bauart GEZ, ausgerüstet. Lichtspannung 50 V. Der Achsgenerator war im Gepäckwagen untergebracht.

1912. Aus wirtschaftlichen Gründen wurde von der preußischen Staatsbahn angeordnet, daß alle neuzubauenden D-Zugwagen mit elektrischer Beleuchtung ausgerüstet werden sollen. Dabei wurden in überwiegendem Maße die Systeme GEZ mit dem Querfeldgenerator, das Zwei-Batterie-System *Pintsch-Grob*, ferner auch das System BBC und *Dick* eingebaut.

1914 waren in Deutschland über 1000 Personenwagen mit elektrischer Beleuchtung ausgerüstet. Dazu kommen eine beachtliche Zahl Bahnpostwagen, Schlafwagen und mehrere Salonwagen. Bei Neben- und Kleinbahnen in Deutschland waren 60 Anlagen, Bauart GEZ, als durchgehende Zugbeleuchtung eingebaut worden.

1*

1924 gab das Eisenbahnunglück bei Bellinzona in der Schweiz, bei dem durch einen gasbeleuchteten deutschen Wagen ein Brand verursacht wurde, Anlaß dazu, daß die fremden Eisenbahnverwaltungen den Übergang deutscher Wagen mit Gasbeleuchtung nicht mehr zuließen.

Die Deutsche Reichsbahn war gezwungen, ihre sämtlichen für den Übergangsverkehr bestimmten D-Zugwagen mit Gasbeleuchtung auf elektrische Einzelwagenbeleuchtung umzubauen.

1925 wurde bei der Deutschen Reichsbahn angeordnet, daß D-Zugwagen für das Ausland nur noch elektrische Einzelwagenbeleuchtung haben dürfen.

1925 wurde erstmalig die elektrische Beleuchtung von Dampflokomotiven mittels Turbogenerator versuchsweise eingeführt.

1926 wurde angeordnet, daß alle neuzubauenden Dampflokomotiven mit elektrischer Beleuchtung mit Turbogenerator ausgerüstet werden.

1926. Für alle D-Zug-, Personen- und Packwagen wurde als Beleuchtungsanlage die Einheitsbauart der DR eingeführt. Lichtspannung 24 V.

Bei dieser Bauart ist der Lichtgenerator eine Nebenschlußmaschine mit Spannungsregelung. Das Reglergerät enthält einen Kohlefeldregler, einen Kohlelampenregler und einen Selbstschalter.

Die Einheitsbauart war eine Gemeinschaftsarbeit von *Julius Pintsch AG.* und GEZ Berlin, indem das Reglergerät von *Pintsch* und der Nebenschlußgenerator von GEZ beigestellt wurde.

1928. Versuchsweise wurden für einige Güterzüge Gepäckwagen mit Achsbeleuchtung, Bauart *Lorenz*, eingeführt. Bei dieser Bauart wird ein Wechselstromgenerator angewendet, dessen Strom durch Gleichrichter in Gleichstrom umgeformt und für die Batterieladung verwendet wird.

1929 wurde erstmalig bei der DR der Nickelcadmiumakkumulator als Ersatz für den Bleiakkumulator eingeführt.

1931 wurde der Turbogenerator, 0,5 kW, 24 V, Bauart AEG, als Einheitstyp für die Beleuchtung der Dampflokomotiven von der DR bestimmt.

In rascher Folge fand die elektrische Beleuchtung ihre allgemeine Einführung auch in Deutschland, so daß bei Beginn des zweiten Weltkrieges alle D-Zugwagen, sowie alle Neubaupersonenwagen, alle Speise- und Schlafwagen, Post- und Packwagen mit elektrischer Einzelwagenbeleuchtung ausgerüstet waren. Nur die Personenwagen alter Bauart führten noch Gasleuchten. In den Jahren nach dem Kriege wurden diese Wagen auf elektrische Kleinbeleuchtung umgebaut, so daß auch bei der DB die Gasbeleuchtung in Eisenbahnfahrzeugen praktisch verschwunden ist.

I. Die Beleuchtung von Eisenbahnwagen mit Achsgenerator und Batterie.

In Bezug auf die eigene Stromerzeugung im Eisenbahnfahrzeug kann man die elektrische Beleuchtung in zwei Gruppen unterteilen, und zwar in die durchgehende Zugbeleuchtung und in die Einzelwagenbeleuchtung.

Die **durchgehende Zugbeleuchtung** hat eine zentral aufgestellte Stromerzeugeranlage. Diese kann auf der Dampflokomotive ein Turbogenerator großer Leistung und eine im Packwagen befindliche Batterie sein (s. S. 120). Es kann aber auch im Packwagen oder in einem der Personenwagen ein Achsgenerator großer Leistung in Verbindung mit einer Batterie angeordnet werden (s. S. 59).

Über eine Kupplungsleitung werden die Personenwagen des Zuges, welche nur eine Beleuchtungsinstallation besitzen, mit Strom versorgt. Es können auch mehrere Achsgeneratoren über die Kupplungsleitung parallel geschaltet sein und sich gegenseitig in der Stromspeisungunterstützen.

Die durchgehende Zugbeleuchtung findet bei Neben- und Vorortbahnen vielfach Anwendung, wobei die Zugzusammenstellung meistens gewahrt bleibt.

Die Vorteile dieser Beleuchtungsart sind einfache Anodnung und niedrige Anlage- und Unterhaltungskosten. Der Nachteil ersteht darin, daß die Wagen nur eine beschränkte Freizügigkeit haben und die Beleuchtung stets von der Lokomotive oder dem Fahrzeug mit der zentralen Stromquelle abhängig ist. Bei Zugtrennung und Unglücksfällen ist keine Sicherheit für die Beleuchtung gegeben.

Auf modernen Triebzügen (wie z. B. Gliederzug der Deutschen Bundesbahn, s. S. 144) wird als zentrale Stromquelle ein dieselelektrisches Aggregat aufgestellt, welches über eine durchgehende Drehstromleitung den Zug mit elektrischer Energie versorgt.

Bei der **Einzelwagenbeleuchtung** hat jedes Fahrzeug seine selbständige Stromquelle. Die überwiegend große Zahl der Reisezugwagen, Gepäckwagen und Bahnpostwagen, ferner der Schlaf- und Speisewagen, der Gesellschafts- und Salonwagen, besitzen als Stromquelle fast durchweg den Achsgenerator mit Batterie. Die Vorzüge der Einzelfahrzeugbeleuchtung sind eine ungehinderte Zugzusammenstellung, Unabhängigkeit der Beleuchtung von der Lokomotive und internationale Freizügigkeit der Wagen, sowie hohe Betriebssicherheit bei Unglücksfällen. Demgegenüber treten auf Hauptbahnstrecken die höheren Anlage- und Unterhaltungskosten in den Hintergrund[1].

Die Beleuchtung der Dampflokomotive wird durch einen kleinen Turbogenerator gespeist (s. S. 127). Die elektrischen Lokomotiven und die Oberleitungstriebwagen haben einen Motorgenerator oder einen Trockengleichrichter mit Batterie, über welche die elektrische Energie für die Beleuchtung und sonstigen Stromverbraucher aus dem Fahrdraht entnommen wird (s. S. 130). Die Diesellokomotive und der Dieseltriebwagen haben ebenfalls einen eigenen Lichtgenerator, der direkt vom Brennkraftmotor angetrieben wird und auf die Licht- und AnlaßBatterie arbeitet (s. S. 132).

Die **Bestandteile der elektrischen Beleuchtungsanlage** sind die Sammlerbatterie, der Generator mit Antrieb, das selbsttätige Reglergerät, das Beleuchtungsnetz und der Anschluß aller sonstigen Stromverbraucher.

A. Der elektrische Akkumulator für die Beleuchtung von Eisenbahnfahrzeugen.

Das Aufspeichern technisch verwertbarer elektrischer Energie kann bis jetzt nur auf dem Umweg über chemische Prozesse erfolgen, da der elektrische Kondensator hierfür nicht geeignet ist. Es sind viele chemische Verbindungen bekannt, bei deren Umsetzung (Entladung) elektrische Energie gewonnen werden kann.

Die eine Hauptgruppe derartiger Verbindungen finden wir in den bekannten galvanischen Elementen (z. B. Kupfer-Zink in Schwefelsäure, Salpeter- oder Chromsäure, Kohle-Zink in Salmiaklösung.) Das LECHLANSCHE-Element (Kohle-Zink-Salmiak), das nicht nur als nasses, sondern vor allem als Trockenelement bekannt ist, wird heute für vielerlei

---

[1] Bei einigen Bahnen des Auslandes werden die Personenwagen, obwohl sie eine unabhängige Anlage mit Achsgenerator und Batterie besitzen, zusätzlich mit Kupplungsdosen an den Stirnseiten ausgerüstet. Wenn die Stromquelle eines Wagens ausfällt, kann das Beleuchtungsnetz desselben durch Einsetzen eines Kupplungskabels an den benachbarten Wagen angeschlossen werden. Das nicht benötigte Kupplungskabel wird im Wagen mitgeführt.

Zwecke, wie z. B. als Taschenlampen-Batterie, Anoden-Batterie, Batterie für Schwerhörigengeräte oder Blitzlichtgeräte angewendet. Diese Elemente — auch Primärelemente genannt — haben die Fähigkeit, elektrische Energie solange abzugeben, bis die chemische Umsetzung vollzogen ist. Dann sind sie erschöpft und nicht mehr brauchbar.

Bei der anderen Hauptgruppe — den sogenannten Sekundärelementen oder Akkumulatoren — ist ein umkehrbarer Prozeß (Entladung—Ladung) möglich, bei welchem elektrischer Strom in entgegengesetzter Richtung wie bei der Entladung hindurchgeschickt und eine chemische Rückbildung hervorgerufen wird. Bei einem technisch brauchbaren Akkumulator muß durch den Ladeprozeß genau der gleiche physikalische und chemische Zustand erreicht werden können, wie vor Beginn des Entladeprozesses. Außerdem müssen sich die Vorgänge der Entladung und Ladung aus wirtschaftlichen Gründen so oft wie möglich durchführen lassen, ohne daß die Funktion des Akkumulators hierdurch Änderungen erleidet. Diese Forderungen in Verbindung mit Kosten- und Wirtschaftlichkeitsfragen haben dazu geführt, daß sich praktisch nur 2 Akkumulatorenarten durchsetzen konnten, und zwar der Bleiakkumulator und der Stahlakkumulator. Beide finden im Zuglichtbetrieb ausgedehnte Anwendung.

Der allgemeine Aufbau der Zelle bei beiden Akkumulatorenarten ist im wesentlichen der gleiche. Die Zelle setzt sich aus positiven und negativen Elektroden, meist in Plattenform, zusammen. Hierbei folgt jeweils der positiven Platte eine negative Platte. Die positiven und die negativen Platten sind je für sich durch eine Brücke zu einem Plattensatz vereinigt. Den zusammengebauten positiven und negativen Plattensatz mit der dazwischengelegten Isolierung bezeichnet man als Plattenblock. Dieser ist fest in das Gefäß eingebaut. Das Gefäß ist mit der Füllflüssigkeit (Elektrolyt) gefüllt, welche die Platten vollkommen bedeckt. Das Zellengefäß wird mit einem Deckel verschlossen, der die Durchführung für die Pole und eine Öffnung für das Nachfüllen besitzt. In die Füllöffnung ist ein Verschlußstopfen eingesetzt, der Öffnungen für das Entweichen der in der Zelle entstehenden Gase besitzt.

Die Platte selbst besteht aus dem Trägergerüst und der mit diesem verbundenen chemisch wirksamen Masse, welche für die positive und negative Platte unterschiedlich ist. Das Trägergerüst dient als mechanischer Halt der Platte und für die Stromableitung, nimmt jedoch am chemischen Prozeß nicht teil.

Die Spannung einer Zelle beträgt beim Bleiakkumulator etwa 2 V, beim Stahlakkumulator etwa 1,2 V. Um auf die gewünschte Versorgungsspannung zu kommen, wird die Akkumulatoren-Batterie mit der entsprechenden Anzahl in Reihe geschalteter Zellen zusammengestellt.

1. Der Bleiakkumulator.

a) Chemischer Vorgang.

Die aktive Masse der positiven Platte besteht beim Bleiakkumulator aus dunkelbraunem Bleidioxyd (PbO_2) und die der negativen Platte aus grauem Blei (Pb) in schwammiger Form. Werden zwei derartige Platten ohne sich zu berühren in ein Gefäß mit verdünnter Schwefelsäure ($H_2SO_4 + H_2O$) gebracht, so herrscht zwischen ihnen eine Spannung von etwa 2 V. Diese Zusammenstellung bildet ein geladenes Element.

Verbindet man die beiden Platten über einen Widerstand, so fließt ein Strom von der positiven Bleidioxydplatte über den Widerstand zur negativen Bleiplatte und durch die Säure zurück zur positiven Bleidioxyd-Platte. Es findet nun der in Abb. 1 dargestellte Entladevorgang statt. Bei der eintretenden chemischen Umsetzung bildet sich an beiden Platten Bleisulfat ($Pb\,SO_4$). Hierbei wird Säure verbraucht und Wasser gebildet, so daß die Säuredichte abnimmt. Gleichzeitig sinkt auch die Spannung, zunächst langsam und später schneller und würde bei restloser Entladung schließlich zu Null werden. Man bricht jedoch die Entladung bei einer vorgeschriebenen Entladeschlußspannung ab, die je nach der Höhe des Entladestromes unterschiedlich ist. Bei Entladung mit dem 5 stündigen Entladestrom beträgt sie, je nach Bauart der Batterie, 1,7 bis 1,8 V.

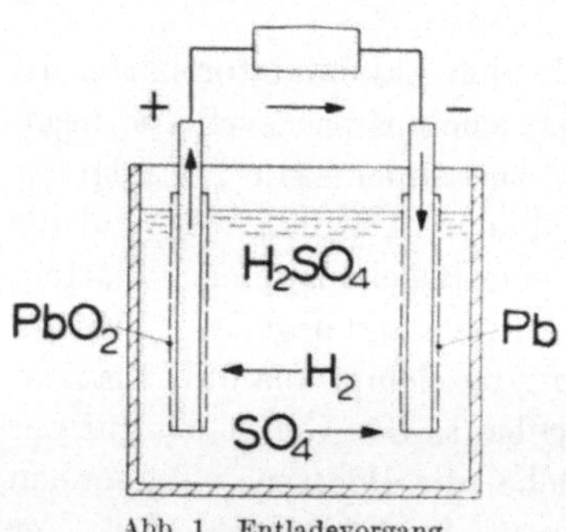

Abb. 1.   Entladevorgang.

Schickt man Gleichstrom in umgekehrter Richtung durch die Zelle, so wird das Bleisulfat der positiven Platte wieder in Bleidioxyd und das Bleisulfat der negativen Platte wieder in reines Blei zurückverwandelt. Der chemische Vorgang vollzieht sich nach Abb. 2. Es werden von der positiven und negativen Platte Schwefelsäurebestandteile an den Elektrolyt abgegeben und Wasserbestandteile aus demselben abgezogen, infolgedessen steigt das spezifische Gewicht des Elektrolyten, bis es am Schluß der Ladung seinen ursprünglichen Wert wieder erreicht hat. Außerdem steigt auch die Spannung während der Ladung an.

Der chemische Vorgang der Ladung und Entladung läßt sich in einer gemeinsamen chemischen Formel wie folgt ausdrücken:

$$PbO_2 + 2H_2SO_4 + Pb = PbSO_4 + 2H_2O + PbSO_4$$

$\longleftarrow$ Ladung   Entladung $\longrightarrow$

Diese Formel ist also bei Entladung von links nach rechts und bei Ladung von rechts nach links zu lesen.

Läßt man den Ladestrom in unverminderter Höhe fließen, so steigt die Spannung zunächst langsam und gegen Ende der Ladung schnell auf 2,4 V und darüber bis zu einem Endwert, der 2,6 bis 2,7 V betragen kann, an. Dann vermag der Akkumulator nicht mehr den gesamten Strom für die chemische Umwandlung auszunutzen und es entsteht eine Zersetzung des in der verdünnten Säure enthaltenen Wasseranteiles in Wasserstoff und Sauerstoff (Knallgas). Man muß dann die Ladung nach einiger Zeit abschalten oder den Strom so vermindern, daß die Gas-

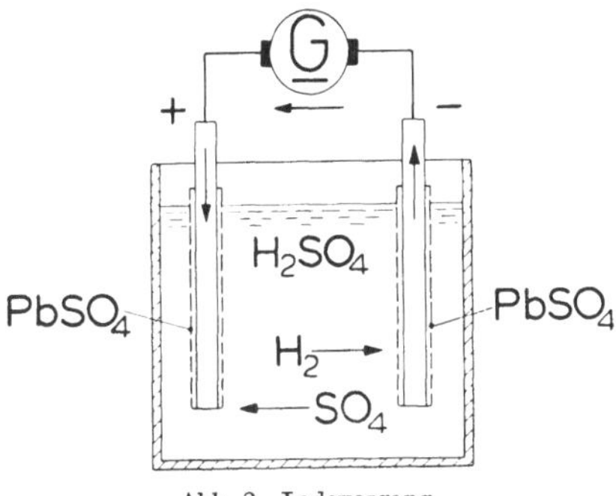

Abb. 2. Ladevorgang.

entwicklung keine schädliche Wirkung ausüben kann. Dieselbe besteht darin, daß die aufsteigenden Gasblasen feine Masseteilchen aus den Platten mitreißen, die sich als Schlamm am Gefäßboden ablagern oder auch Kurzschlußbrücken zwischen den Platten bilden. Auch die Säuretemperatur würde zu hoch ansteigen.

Die von dem Strom umgesetzten Gewichtsanteile an aktiver Masse und Schwefelsäure sind proportional der abgegebenen bzw. hineingeladenen Strommenge in Amperestunden (Ah). Infolgedessen kann in einer Zelle um so mehr Elektrizität aufgespeichert werden, je größer die Menge der vorhandenen aktiven Masse ist. Für jede Zellengröße wird eine als Kapazität bezeichnete Strommenge in Ah ermittelt, welche die Speicherfähigkeit bzw. Abgabefähigkeit des Akkumulators zum Ausdruck bringt. Da die Kapazität vom Entladestrom abhängig ist, gelten die entsprechenden Angaben für einen bestimmten Entladestrom bzw. eine bestimmte Entladezeit. Bei Zuglichtbatterien wird die Nennkapazität auf den 5stündigen Entladestrom bezogen, d. h. denjenigen Stromwert, welcher 5 Stunden lang abgegeben werden kann, ohne die vorgeschriebene Entladeschlußspannung zu unterschreiten. Auch in den Normbezeichnungen der Zellen wird die 5stündige Kapazität genannt.

Wie bei den übrigen chemischen und physikalischen Umsetzungen durch Nebenerscheinungen Verluste entstehen, so geschieht dies auch beim Akkumulator. Die wesentlichen Verluste aber entstehen erst nach Beginn der Gasentwicklung. Bei der stationären Aufladung mit stärkerer Gasung betragen die Verluste 10—20% je nach Bauart der Zelle.

Unter dem Wirkungsgrad des Akkumulators in Ah versteht man das Verhältnis der entnommenen zu den hineingeladenen Amperestunden. Im Zuglichtbetrieb ist dieser Wirkungsgrad wegen der geringen Gasungsverluste sehr günstig und beträgt rund 0,9. Doch lassen sich hierüber keine genauen Zahlenangaben machen.

Bildet man das Verhältnis der entnommenen Wattstunden (Wh) zu den hineingeladenen, so erhält man den Wirkungsgrad in Wh. Bei einer stationären Aufladung mit Gasentwicklung beträgt derselbe je nach Bauart des Bleiakkumulators 0,68 bis 0,75. Für den Zuglichtbetrieb gilt der günstigere Wert.

b) Bauarten des Bleiakkumulators.

Die verschiedenen Bauarten des Bleiakkumulators sind vor allem durch die Bauweise der positiven Platten gekennzeichnet und nach diesen benannt. Man unterscheidet hiernach:

Bleizellen mit positiven Großoberflächenplatten (Normenbezeichnung Gro),
Bleizellen mit positiven Panzerplatten (Normenbezeichnung Pz),
Bleizellen mit Gitterplatten (Normenbezeichnung Gi und Gis).

Gro-Zellen. Der Aufbau einer Bleizelle mit positiven Großoberflächenplatten (Gro) für Zugbeleuchtung ist aus Abb. 3 ersichtlich. Die positive Großoberflächenplatte ist eine gegossene Weichbleiplatte mit großer Oberfläche, welche durch zahlreiche feine Rippen gebildet wird. Die aktive Masse wird im sogenannten Formationsprozeß durch elektrochemische Behandlung auf der Oberfläche hervorgerufen. Masseträger ist hierbei der nicht angegriffene Bleikern der Platte, jedoch wird dieser im Laufe der Entladungen und Ladungen allmählich auch in aktive Masse umgewandelt, bis schließlich die Platte hierdurch ihre Festigkeit verliert und zerfällt.

Die fertig formierte (k-formierte) Platte ist braun. Es werden jedoch auch hellgraue (kn-formierte) Platten geliefert, welche erst bei der Inbetriebsetzung und ersten Ladung, die in diesem Falle länger dauert, ihre braune Farbe erhalten.

Die negative Platte der Gro-Zelle ist in den meisten Fällen eine Kastenplatte. Sie besteht aus einem weitmaschigen Hartbleigitter (Blei mit Antimonzusatz) als Masseträger, in deren viereckige Felder die aktive Masse eingebracht wird. Zu beiden Seiten werden die Masse und das Bleigitter durch feingelochtes Bleiblech abgedeckt. Hierdurch ist die Masse sicher eingeschlossen, wodurch die Platte eine hohe Lebensdauer erreicht. Eine negative Kastenplatte hält mehr als doppelt soviel Ladungen und Entladungen aus, als eine positive Großoberflächenplatte. An Stelle der negativen Kastenplatte werden von einigen Batterie-Herstellern auch die negativen Gitterplatten verwendet (siehe Abb. 5).

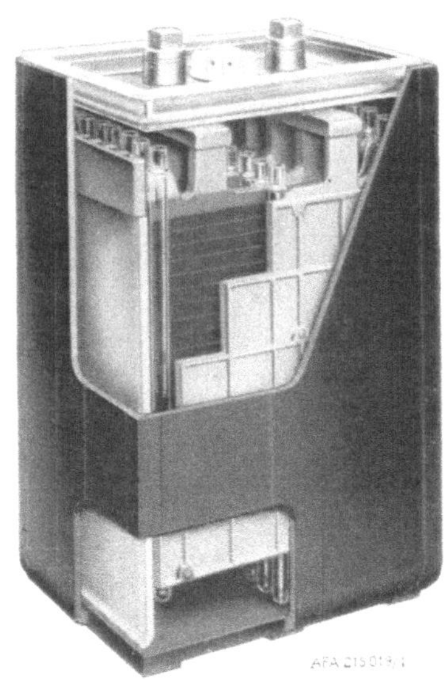

Abb. 3. Gro-Zelle, aufgeschnitten.

Die Zellengefäße bestehen aus Rubellit, einer besonders stabilen Hartgummiart. Sie werden durch einen Deckel aus Hartgummi oder Kunststoff abgeschlossen, der mit einem Weichgummiring versehen ist. Durch den Weichgummiring wird eine einwandfreie Abdichtung der Zelle erreicht. Trotzdem kann der Deckel bei erforderlichem Plattenwechsel leicht abgenommen werden. Neuerdings werden auch durchsichtige Deckel aus Polystyrol verwendet, welche einen Einblick in die Zelle gestatten. In die Füllöffnung am Deckel ist mittels Bajonettverschluß ein Stopfen eingesetzt, der Kanäle für das Entweichen der Gase besitzt.

Innerhalb des Zellengefäßes hängen die Platten mittels „Nasen" auf Glasstützscheiben. Der Abstand zwischen der positiven und negativen Platte ist durch Glasrohre gesichert, welche in Nuten der negativen Platten gehalten werden. Über die Nasen der positiven Platten sind Weichgummikappen geschoben, um bei etwaigen Stößen ein Verbiegen der Nasen und eine Berührung mit den Nasen der negativen Platten zu verhindern. Die Füllflüssigkeit ist verdünnte Schwefelsäure mit einem spezifischen Gewicht von 1,20 (im geladenen Zustand).

Die Gro-Zellen besitzen eine hohe spezifische Belastbarkeit und große mechanische Festigkeit. Außerdem sind sie gegen hohe Ladeströme unempfindlicher als die anderen Batteriearten. Ihr Gewicht und Raumbedarf ist jedoch erheblich größer. Die positive Platte hält bei wechselndem Lade- und Entladebetrieb etwa 1000 Entladungen und die negative Kastenplatte über 2000 Entladungen aus. Das Gewicht der Zellen beträgt etwa 100 kg je eingebaute kWh, bezogen auf 5 stündige Kapazität und der Raumbedarf etwa 40 dm³/kWh.

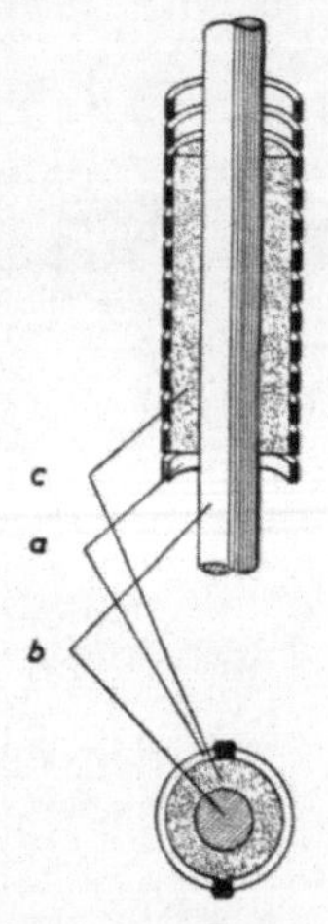

Abb. 4. Panzerplatten-Röhrchen, aufgeschnitten.

a Geschlitztes Hartgummi-Röhrchen;
b Bleistab zur Stromführung;
c Positive Masse.

Pz-Zellen. Die positive Panzerplatte besteht aus einer Anzahl nebeneinanderliegender Hartgummiröhrchen, in welchen sich die aktive Masse befindet. Die Röhrchen sind mit feinen senkrecht zur Achse stehenden Schlitzen versehen, die den Säurezutritt zur Masse gestatten, aber ein Ausfallen derselben verhindern (Abb. 4). Die Stromableitung geschieht durch Bleistäbe, die in der Mitte des Röhrchens verlaufen und durch Ansätze fest zentriert sind. Diese Stäbe sind oben und unten durch querliegende Bleileisten verbunden und verlötet, wodurch eine in sich fest gefügte Platte entsteht.

Die negative Platte ist eine Gitterplatte der gleichen Art, wie sie in dem nachfolgenden Abschnitt beschrieben ist (Abb. 5).

Wie bei den Gro-Zellen sind die Platten in Gefäßen aus Rubellit eingebaut (Abb. 6). Ein dicht schließender Deckel ist aufgesetzt.

Auf dem Boden der Gefäße sind Hartgummistege angeordnet, auf denen die Platten ruhen. Zur elektrischen Trennung der Platten, welche enger eingebaut sind als die der Gro-Zellen, und zur Aufrechterhaltung des Plattenabstandes, werden zwischen den positiven und negativen Platten chemisch behandelte Holzbrettchen eingeschoben. In besonderen Fällen verwendet man statt dessen auch sogenannte Mipor-Scheider, die aus Gummimilch hergestellt werden und sich durch eine besonders hohe Porosität und einen geringen elektrischen Widerstand auszeichnen. Sie haben außerdem den Vorteil, daß sie höhere Temperaturen aushalten als Holzbrettchen, die bei Temperaturen über 40° angegriffen werden. Die Flüssigkeit besteht aus verdünnter Schwefelsäure mit einem spezifischen Gewicht von 1,24 (im geladenen Zustand).

Pz-Zellen zeichnen sich durch eine hohe mechanische Festigkeit und lange Lebensdauer aus. Ihr Gewicht ist wesentlich niedriger als das

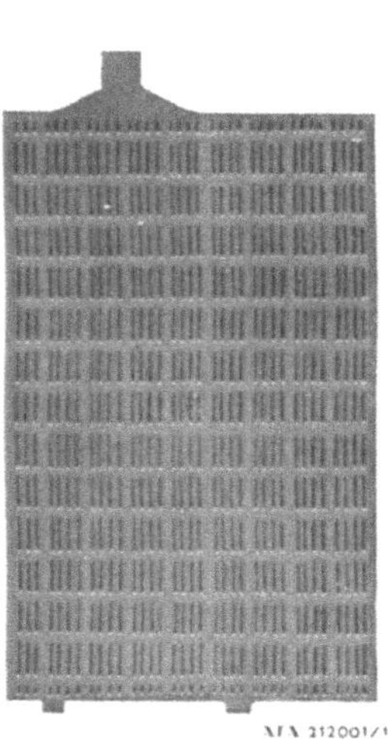

Abb. 5. Negative Gitterplatte für Pz-Zelle.

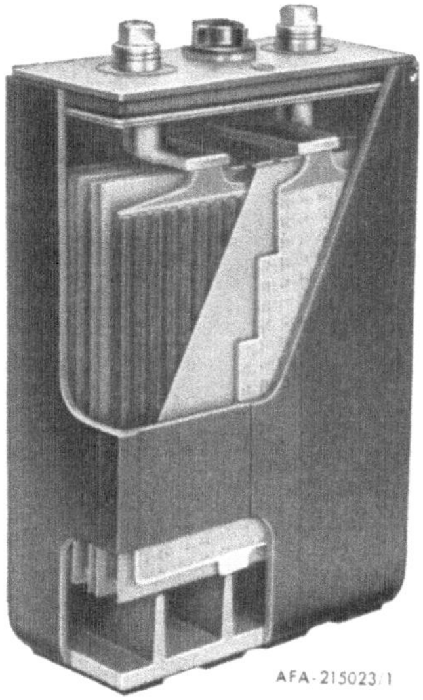

Abb. 6. Pz-Zelle, aufgeschnitten.

der Gro-Zellen. Das Gleiche gilt für den Raumbedarf. Das Gewicht je eingebaute kWh beträgt etwa 64 kg und der Raumbedarf je kWh etwa 25 dm³. Die Lebensdauer der positiven und negativen Platte beträgt etwa 1200 Entladungen und mehr. Bei der Instandsetzung werden die positiven und negativen Plattensätze zusammen erneuert.

In neuester Zeit ist die Bauart der Panzerplatten-Batterie noch weiter verbessert worden. Anstelle der geschlitzten Hartgummi-Röhrchen werden für die positive Platte Röhrchen aus einem säuredurchlässigen Isolierstoff verwendet, in welche die aktive Masse eingefüllt ist. Bei gleichen äußeren Abmessungen der Zellen erhöht sich die Kapazität um etwa das 1,6-fache der listenmäßigen Kapazität der Pz-Type.

Gi- und Gis-Zellen. Die Zellen mit Gitterplatten stellen die leichteste und gedrängteste Batteriebauart dar. Sie wurden ursprünglich für die besonderen Zwecke des elektrischen Fahrzeugantriebs entwickelt und haben im Zuglichtbetrieb nur geringe Anwendung gefunden.

Die Gitterplatte besteht aus einem engmaschigen Hartbleigitter als Masseträger, in welches die aktive Masse in Form von Bleioxyd eingeschmiert wird. Die Platten werden dann einer längeren Formationsladung unterworfen, wodurch sich als wirksame Masse auf der positiven Platte Bleidioxyd und auf der negativen Platte reines Blei bildet. Die positiven und negativen Platten haben die gleiche Bauweise, unterscheiden sich jedoch in der Form des Gitters und der aktiven Masse (siehe Abb. 5).

Die Zellengefäße sind wie bei den Gro- und Pz-Zellen aus Rubellit gefertigt und mit dicht schließendem Deckel versehen. Innerhalb der Gefäße stehen die Platten wie bei den Pz-Zellen mit ihren Füßchen auf Bodenstegen. Da die Platten einen sehr engen Abstand haben, muß der Plattenisolation besondere Sorgfalt gewidmet werden. Sie besteht bei den Gi-Zellen normalerweise aus Holzbrettchen und gewellten, gelochten Hartgummiblechen. An Stelle der Holzbrettchen werden, wie bei den Panzerplatten, auch Mipor-Scheider verwendet. Bei den Gis-Zellen ist eine verbesserte 3fache Isolation verwendet, deren besonderes Merkmal ein an der positiven Platte liegender Glaswollscheider ist. Dieser dient dazu, den Masseausfall möglichst zu verhindern. Die Füllflüssigkeit ist verdünnte Schwefelsäure mit einem spezifischen Gewicht von 1,24 bei der Gi-Zelle und 1,26 bei der Gis-Zelle. Dies gilt für den geladenen Zustand.

Die leichtere Bauweise der Gitterplatten bedingt, daß diese eine geringere Lebensdauer als die übrigen Plattenarten erreichen. Bei reinem Lade- und Entladebetrieb der Gi-Zellen rechnet man für die positive Platte mit 300 bis 350 Entladungen und für die negative Platte mit der 3fachen Lebensdauer. Bei den Gis-Zellen rechnet man für die positive Platte mit 700 und für die negative mit 1400 Entladungen. Das Zellengewicht je eingebaute kWh ist etwa 35 kg und der Raumbedarf etwa 16 cm³.

Einbau der Zellen in die Batterietröge. Die Zellen werden gruppenweise in säurefest ausgekleidete Holztröge eingebaut und so aufgeteilt, daß der Trog von zwei Mann noch bequem getragen werden kann. Der positive und negative Endpol einer Zellengruppe ist jeweils an eine Klemme, welche an der Stirnseite des Batterietroges sitzt, herangeführt,

Die einzelnen Tröge werden untereinander mittels Verbindungskabel, die an den Enden Hakenkabelschuhe tragen, verbunden (Abb. 7). Die Unterbringung der Bleibatterie unter dem Eisenbahnwagen geschieht in gleicher Weise wie bei der Stahlbatterie und ist auf Seite 27 beschrieben.

c) Physikalische Eigenschaften des Bleiakkumulators.

Die technischen Angaben über Kapazität, Entlade- und Ladestrom usw. für die verschiedenen Akkumulatortypen sind im Anhang Seite 170 aufgeführt.

Batterie in Ruhe: Eine geladene Bleizelle hat eine Ruhespannung von etwa 2,05-2,10 V. Unmittelbar nach der Ladung ist dieselbe noch höher. Die Ruhespannung entspricht der elektromotorischen Kraft E der Zelle und ist von dem spezifischen Gewicht der Säure abhängig, wobei die Erfahrungsformel: Ruhespannung = 0,84 + Säuregewicht angewendet werden kann. In Abb. 8 ist die Klemmenspannung in Abhängigkeit von dem spezifischen Gewicht der Säure aufgetragen. Von der Temperatur ist die Ruhespannung nur wenig abhängig. Der innere

Abb. 7. Batterietrog.

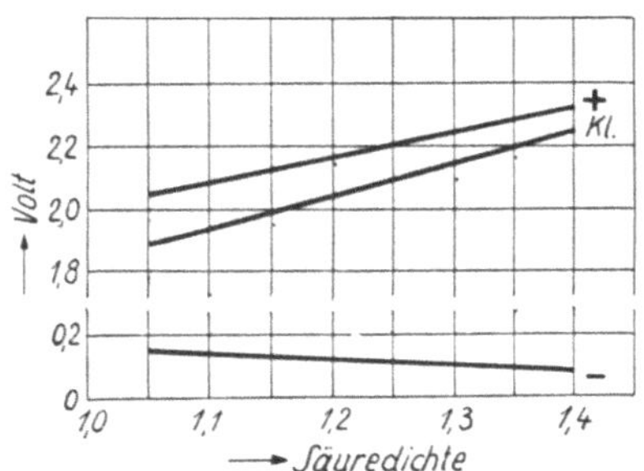

Abb. 8. Kennlinien der Spannung der + und − Platte gegen den Elektrolyten und der Klemmenspannung (Kl).

Widerstand Ri einer Zelle liegt etwa in der Größenordnung von 0,01 Ohm.

Die Klemmenspannung U der Zelle wird an sich durch die Formel $U = E - I_e \cdot R_i$ bei Entladung und $U = E + I_a \cdot R_i$ bei Ladung bestimmt, wobei I_e den Entladestrom und I_a den Ladestrom bedeutet. Die Ladekurven der Zelle zeigen jedoch, daß die Klemmenspannung bei

Entladung niedriger, bei Ladung höher als der nach der Formel errechnete
Wert liegt. Dies erklärt sich daraus, daß sowohl die elektromotorische
Kraft E als auch der innere Widerstand Ri der Zelle keine konstanten
Werte sind, sondern sich im Laufe der Entladung oder Ladung verändern.
E ist abhängig von der Dichte der Säure innerhalb der Platten, welche
bei Entladung infolge des Säureverbrauchs abnimmt und bei Ladung
infolge der Säurebildung ansteigt. Diese innere Säure sucht einen Aus-
gleich durch Diffusion mit der äußeren Säure zwischen den Platten. Mit
fortschreitender Entladung tritt an Stelle von Bleidioxyd und Blei-
schwamm Bleisulfat, das ein größeres Volumen einnimmt, so daß sich
die Poren der aktiven Masse allmählich verengen. Dadurch wird die
Diffusion zwischen der inneren und äußeren Säure verlangsamt. Die
Dichte der inneren Säure wird geringer und damit auch der Wert von E.
Auch der innere Widerstand Ri wird höher, da Bleisulfat ein schlechter
Leiter ist und hierdurch die Zelle an Leitfähigkeit verliert. Bei Ladung
verlaufen diese Vorgänge umgekehrt.

Batterie-Entladung. Die Zellenspannung ist von der Stromstärke
abhängig. Sie liegt bei Entladung mit dem 5stündigen Strom nach 10%

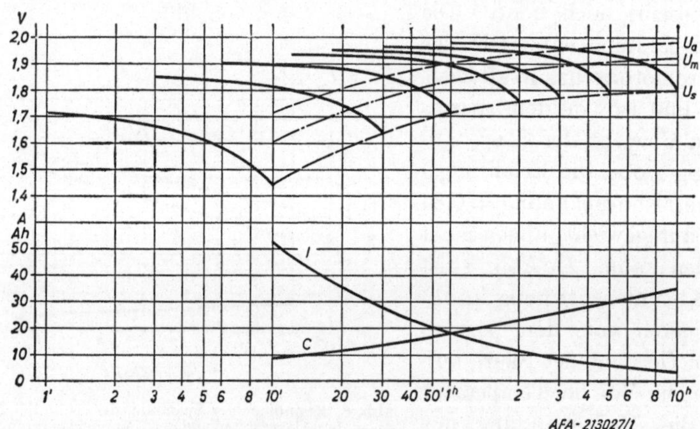

Abb. 9. Entlade-Kennlinie einer Gro-Zelle.
C Kapazität je Plattenpaar; I Entladestrom je Plattenpaar; U_a Anfangsspannung;
U_m Mittlere Spannung; U_s Entladeschluß-Spannung.

Kapazitätsentnahme bei etwa 1,95—2,0 V, fällt dann allmählich auf
1,90 V ab, zum Schluß schneller auf 1,7—1,8 V und danach rapid auf 0.
Bei Erreichen der Entladeschluß-Spannung muß die Entladung ab-

gebrochen werden. Eine zu tiefe Entladung ist nicht statthaft, da die
Batterie dadurch an Lebensdauer einbüßt. In Abb. 9 und 10 sind die
Entlade-Kennlinien für die Gro- und Pz-Zelle aufgezeichnet. Der Ent-
ladezustand der Batterie läßt sich an dem Sinken des spezifischen Gewichtes der Säure feststellen.

Die mittlere Batteriespannung bei Entladung liegt um so tiefer,
je größer der Entladestrom ist und umgekehrt um so höher, je kleiner
der Entladestrom ist. Damit die Spannung bei Entladung nicht zu niedrig
wird, belastet man die Batterie bei der Zugbeleuchtung praktisch für

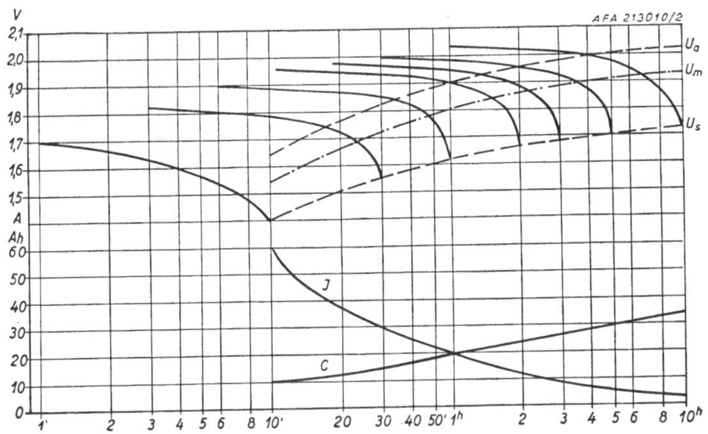

Abb. 10. Entlade-Kennlinien einer Pz-Zelle.
C Kapazität je Plattenpaar; I Entladestrom je Plattenpaar; U_a Anfangsspannung;
U_m Mittlere Spannung; U_s Entladeschluß-Spannung.

dauernd nicht höher als mit dem dreistündigen Entladestrom. Das ist die
Stromstärke, die der Akkumulator nach einer Volladung drei Stunden
lang hergeben kann. Auch die Kapazität der Batterie ist um so größer,
je kleiner der Strom ist, mit dem sie entladen wird, und je mehr Unter-
brechungen während der Entladung eingeschaltet werden, durch welche
sich der Bleiakkumulator „erholt".

Wird die Entladung unterbrochen, so steigt nach kurzer Zeit die
Batteriespannung wieder auf die Ruhespannung. Würde man die
Batterie abermals mit dem gleichen Strom belasten und weiter entladen, so würde ihre Spannung schnell wieder abfallen. Man kann jedoch
einen geringeren Strom noch eine Zeit lang entnehmen, weil die Batterie
bei kleinem Entladestrom eine größere Kapazität hat.

Batterie-Ladung. Bei Beginn der Ladung beträgt die Spannung der Bleizelle etwa 2,10—2,15 V und steigt allmählich bis auf 2,4 V. Von dieser Spannung ab setzt eine leichte Gasentwicklung ein. Die Spannung steigt nun bei unvermindertem Strom (ortsfeste Ladung) schnell bis auf etwa 2,6—2,7 V, wobei die Gasentwicklung immer stärker wird. Damit durch eine zu starke Gasentwicklung keine aktive Masse aus den Platten gespült und die Zelle nicht zu warm wird, muß ab 2,4 V der Ladestrom etwa auf die Hälfte oder mehr des normalen Ladestromes gesenkt werden. Mit dieser ermäßigten Ladestromstärke wird die Ladung

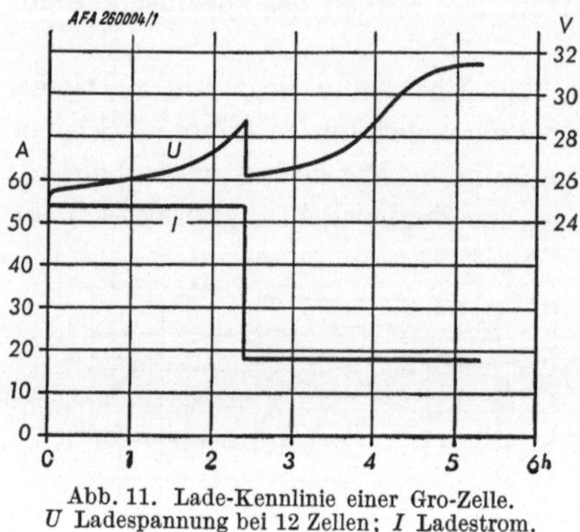

Abb. 11. Lade-Kennlinie einer Gro-Zelle.
U Ladespannung bei 12 Zellen; *I* Ladestrom.

bis zum Erreichen einer Spannung von 2,65 V weitergeführt und dann abgeschaltet (Ladeschlußspannung). Abb. 11 zeigt die Ladekennlinie einer Gro-Zelle, Abb. 12 die einer Pz-Zelle.

Bei der Ladung steigt das spezifische Gewicht der Säure im gleichen Maße an, wie dasselbe bei Entladung gefallen ist. Sobald das Säuregewicht auf den früheren Ausgangswert gestiegen ist, hat die Batterie die Aufladung wieder erhalten, mit der die voraufgegangene Entladung begonnen wurde. Das spezifische Gewicht der Säure kann daher als wertvoller Anhaltspunkt für den Ladezustand der Batterie gelten, wenn derselbe regelmäßig daraufhin beobachtet wird.

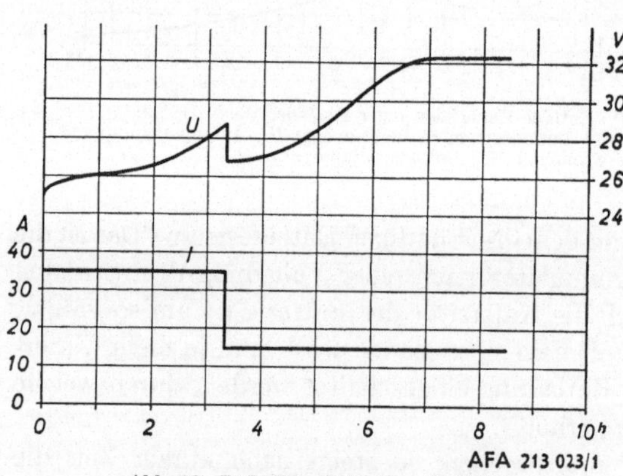

Abb. 12. Lade-Kennlinie einer Pz-Zelle.
U Ladespannung bei 12 Zellen; *I* Ladestrom.

Zum Zwecke der Schnelladung kann der normale Ladestrom ohne

Gefahr für die Lebensdauer der Batterie noch überschritten werden, wenn streng darauf geachtet wird, daß mit Erreichen der Zellenspannung von 2,4 V der Ladestrom auf einen geringeren Wert zurückgesetzt wird, der in den Tabellen für die betreffende Type vermerkt ist. Die dann einsetzende geringere Gasentwicklung kann den Platten nicht mehr schaden. Sobald Ladespannung und Säuredichte hierbei nicht mehr ansteigen und beide Plattenarten lebhaft Gas entwickeln, muß die Ladung beendet werden. Längere Ladung bedeutet Energievergeudung und wirkt auch nachteilig auf die Platten, indem die Schlammbildung vermehrt wird. Unmittelbar nach dem Abschalten sinkt die Batteriespannung wieder auf etwa 2,2 V und allmählich weiter bis auf die Ruhespannung von etwa 2,1 V.

Im Zuglichtbetrieb wird der Ladegenerator so geregelt, daß seine Spannung nur wenig über die Gasspannung (2,4 V für Bleibatterie) ansteigen kann. Hierdurch geht der Strom selbsttätig am Ende der Ladung auf einen Wert zurück, der auch bei längerem Weiterladen der Batterie nicht schadet (s. Abschnitt: Graphische Ermittlung des Ladeverlaufes, Seite 97).

Das bei der Ladung entstehende Gas wird bei einer gewissen Dichte explosibel. Eine Ah erzeugt etwa 0,63—0,7 Liter Knallgas. Die explosionssichere Grenze liegt unter einem Höchstgehalt von etwa 9% Knallgas in der Luft.

Bei jeder ortsfesten Aufladung der Batterie muß daher beachtet werden, daß der Raum, in welchem die Batterieladung vorgenommen wird, eine ausgiebige Lüftung besitzt, damit die entstehenden Ladegase gut abziehen können. Mit offener Flamme oder Glühkörper darf man wegen Explosionsgefahr der Batterie nicht nahekommen.

Bei der elektrischen Zugbeleuchtung mit Generator und Batterie besitzt der Batteriebehälter eine Entlüftungseinrichtung (s. Anhang Abb. 117), durch welche das Ladegas bei Fahrt abgesaugt wird. Wenn die Batterie bei Stillstand des Wagens geladen und der Batteriebehälter nicht geöffnet wird, muß eine Entlüftungseinrichtung mit motorischem Antrieb vorgesehen werden. Der Lüftermotor wird automatisch eingeschaltet, wenn bei Stillstand des Wagens Ladestrom in die Batterie geschickt wird. Wenn der Wagen jedoch auf Fahrt kommt, wird die motorische Entlüftung wieder stillgesetzt, da von da ab der statische Lüfter durch den Fahrtwind wirksam wird.

d) Erkennen von Batterieschäden.

Bei einer gesunden Batterie sind die positiven Platten dunkelbraun und fühlen sich weich und sammetartig an, die negativen Platten sind grau und haben weiche Masse. Die Platten dürfen nicht gekrümmt sein.

Wenn die positiven Gro- und Gi-Platten hellbraun sind, dazu einen weißschimmernden Niederschlag an der Oberfläche haben und sich sandig anfühlen, so ist oft eine weitgehende Sulfatierung eingetreten. In diesem Fall ist auch die negative Platte hart geworden, vielleicht auch gequollen. Die Sulfatierung besteht darin, daß die aktive Masse durch kristallines Bleisulfat verhärtet ist und sich dem elektrochemischen Prozeß widersetzt. Je nach dem Grad der Sulfatierung nimmt der innere Widerstand der Zelle zu. Daher steigt die Spannung sofort bei Einschalten der Ladung stark an. Die Batterie sulfatiert, wenn sie zu geringe Ladung erhält oder im entladenen oder halbgeladenen Zustand lange stehen bleibt. Die Säure hat zu niedriges spezifisches Gewicht, was leicht dazu verleiten kann, daß man mit Säure nachfüllt. Dies wäre jedoch falsch und schädlich für die Batterie.

Man kann die Sulfatierung der Bleibatterie, wenn sie nicht allzuweit vorgeschritten ist, dadurch beseitigen, daß dieselbe mit schwachem Strom (etwa $^1/_5$ des normalen Ladestromes) solange aufgeladen wird, bis die Sulfatierung allmählich gewichen ist und die Zellenspannung auf den normalen Wert zurückgeht. Sodann wird der Ladestrom gesteigert und unter Einschaltung von Ruhepausen bis zur lebhaften Gasentwicklung an beiden Platten weitergeladen.

Eine Sulfatierung der Batterie wird verhütet, indem man für regelmäßiges und reichliches Aufladen sorgt. Nur im vollgeladenen Zustand darf eine Bleibatterie etwa 4 Wochen unbenutzt stehen. Dann muß sie wieder eine Nachladung erhalten. Noch zweckmäßiger ist es, die Batterie während der Dauer der Nichtbenutzung mit sehr schwachem Strom (etwa 0,002 des normalen Ladestromes) ununterbrochen unter Ladung zu halten, indem man unter Vorschaltung einer Glühlampe die Batterie an ein Gleichstromnetz anschließt (Erhaltungsladung). Für den Anschluß an ein Wechselstromnetz benützt man zu diesem Zwecke einen Kleingleichrichter, dessen Stromstärke auf die Größe und Spannung der Batterie eingestellt werden kann.

Eine zu große Schlammbildung hat ihre Ursache in einer übermäßigen Ladung, die entweder zu lange oder mit zu kräftigem Strom über die Gasspannung hinaus durchgeführt wird. Hierdurch wird auch das Auftreten von Kurzschlüssen in den Zellen begünstigt. Eine Zelle mit Kurzschluß bleibt gegenüber den übrigen bei der Ladung in der Spannung und Gasentwicklung zurück, bei Entladung der Batterie fällt die Spannung dieser Zelle vorzeitig ab und polt sich endlich um. Das Säuregewicht dieser Zelle liegt wesentlich tiefer als das der übrigen.

Ein Kurzschluß in der Zelle kann auch dadurch verursacht werden, daß die positiven und negativen Platten sich gegenseitig berühren oder daß sich zwischen den Platten Bleischlamm festgesetzt hat und eine leitende Brücke bildet. Auch können metallische Fremdkörper in die Zelle gelangt sein und beide Platten überbrücken. Endlich kann der Bleischlamm am Boden des Gefäßes so weit gestiegen sein, daß er bis zur Unterkante des Plattensatzes reicht.

Nach Ausbau des Plattensatzes und Beseitigung des Kurzschlusses muß die Zelle für sich allein gründlich aufgeladen und kann dann in die Batterie wieder eingefügt werden.

Von großer Wichtigkeit für die Lebensdauer der Batterie ist die Reinheit des Elektrolyten sowie die Reinheit des zum Nachfüllen verwendeten destillierten Wassers. Diese Flüssigkeiten müssen frei von Chlor, Arsen, Salzsäure, Salpetersäure, Eisen, Kupfer usw. sein. Verunreinigungen dieser Art, besonders wenn sie aus Metallstücken oder metallischen Salzen bestehen, wirken vor allem auf die negative Platte ungünstig ein und verschlechtern den Wirkungsgrad der Batterie, in dem eine dauernde Selbstentladung unter leichter Gasentwicklung auftritt. Auf die positive Platte wirken Verunreinigungen durch Säuren, die ein lösliches Bleisalz bilden (wie z. B. Salpeter-, Chlor- und Essigsäure, organische Säuren und Substanzen), indem hierdurch der Bleikern der Platte angegriffen wird. Für die Reinheit der Schwefelsäure und des destillierten Wassers gelten die VDE-Vorschriften Nr. 0510.

e) Beurteilung des Bleiakkumulators im Hinblick auf seine Verwendung in der Zugbeleuchtung.

Die *Großoberflächen-Batterie* ist elektrisch hoch belastbar. Sie hat bei Entladung eine sehr konstante und hohe Spannungslage, auch wenn ihr große Ströme entnommen werden. Die Aufladung kann mit hohen Strömen und daher kurzzeitig erfolgen. Die Ladekennlinie ist für selbsttätige Regelung besonders gut geeignet.

Den Erschütterungen und dem rauhen Betrieb in Eisenbahnfahrzeugen hält die Großoberflächenbatterie erfahrungsgemäß gut stand.

Ihre Lebensdauer ist für die Zugbeleuchtung voll ausreichend. Nachteilig ist ihr verhältnismäßig hohes Gewicht und der große Raumbedarf.

Die *Panzerplatten-Batterie* weist die gleichhohe elektrische Belastbarkeit für Entladung und Ladung auf, wie die Großoberflächen-Batterie. Auch ihre Ladekennlinie eignet sich in gleichguter Weise für selbsttätige Regelung.

Den mechanischen Beanspruchungen ist sie noch besser als die Großoberflächen-Batterie gewachsen. Die positive Panzerplatte hat auch höhere Lebensdauer als die positive Großoberflächenplatte. Da die positive Panzerplatte und die negative Gitterplatte etwa in der gleichen Zeit verbraucht sind, erfolgt die Erneuerung des ganzen Plattensatzes in einem Arbeitsgang, der leicht ausgeführt werden kann.

Auf Grund dieser wichtigen Vorzüge findet der Blei-Akkumulator mit Panzerplatten für die Beleuchtung von Eisenbahnfahrzeugen eine immer mehr wachsende Anwendung.

Die *Gitterplatten-Batterie* zeichnet sich besonders durch geringes Gewicht und geringen Raumbedarf aus. Ihre Lebensdauer ist wesentlich kürzer als die der Großoberflächen- und Panzerplatten-Batterie. Infolge des engen Einbaues ist die Vorratsmenge an Elektrolyt gering. Daher muß oft nachgefüllt werden. Der Gitterplatten-Batterie können hohe Entladeströme entnommen werden, so daß sie sich besonders für das Starten von Verbrennungsmotoren eignet. Sie kann im ersten Teil der Ladung, ähnlich wie Großoberflächen- und Panzerplattenbatterie, mit hohen Strömen aufgeladen werden, doch muß man bei dieser Batterieart besonders darauf achten, daß nach Beginn der Gasentwicklung der Ladestrom auf·den zulässigen Wert vermindert wird.

Die Gitterplatten-Batterie wird überall da angewendet, wo ein schwerer Akkumulator nicht am Platze ist, nämlich auf Elektromobilen, elektrischen Kraftwagen und Lastkarren, ferner als Starter-Batterie in Kraftfahrzeugen und als Antriebs-Batterie in Akku-Triebwagen. Bei der Beleuchtung von Eisenbahnwagen wird sie vornehmlich im reinen Batterie-Betrieb verwendet. In Diesel-Triebwagen wird sie als Beleuchtungs- und Anlaß-Batterie gebraucht.

2. Der Stahlakkumulator.

Der Stahlakkumulator mit dem alkalischen Elektrolyten geht in seinen Entwicklungsanfängen auf die Jahrhundertwende zurück. Das erste Patent auf den Bau von Nickeloxyd-Eisenzellen wurde EDISON im

Jahre 1901 erteilt. Bereits im Jahre 1905 hat die Deutsche Edison-Akkumulatoren-Company (DEAC) die Fabrikation dieser Akkumulatoren in Deutschland aufgenommen.

Die Bezeichnung „Stahlakkumulator" ist ein Sammelbegriff sowohl für den Nickeleisen- als auch Nickelcadmium-Akkumulator und hat darin ihre Begründung, daß für die Zellengefäße, Masseträger, Polbolzen usw. in der Hauptsache hochwertiger Stahl verwendet wird. Alle Teile aus Stahl sind mit einem galvanisch aufgebrachtem Nickelüberzug versehen.

a) Bauarten des Stahlakkumulators.

Man unterscheidet den Nickeleisen- und den Nickelcadmium-Akkumulator. Bei beiden Ausführungen enthält die positive Elektrode als wirksame Masse eine Nickel-Sauerstoff-Verbindung und bei der Nickeleisen-Zelle die negative Elektrode eine Eisen-Sauerstoff-Verbindung, bei der Nickelcadmium-Zelle (NC) eine Cadmium-Sauerstoff-Verbindung. Wie später ausführlich begründet, wird der Nickelcadmium-Akkumulator in Zugbeleuchtungsanlagen mit selbsttätiger Aufladung vorzugsweise angewendet.

In der Bauform der positiven Elektrode unterscheidet man die Taschen- und die Röhrchenplatte. Die *positive Taschenplatte* wird aus einem Stahlblechrahmen gebildet, in dem die Taschen neben- und übereinander aufgereiht und fest eingesetzt sind. Die Taschen sind aus dünnem, feingelochtem und gut vernickeltem Stahlband gefertigt, in welches die wirksame Masse eingebettet ist. Die Anzahl der Taschen je Platte wird durch die Zellentype bestimmt.

Die *positive Röhrchenplatte* zeigt einen ähnlichen Aufbau, nur daß als Masseträger Röhrchen in den Stahlblechrahmen senkrecht-stehend eingesetzt sind. Die Anzahl der Röhrchen je Platte richtet sich nach der Zellentype.

Die negative Elektrode ist in beiden Fällen eine Taschenplatte, welche sich äußerlich von der positiven Taschenplatte nicht unterscheidet. Die Platten jeder Polarität werden auf einem Polstift aufgereiht und verschraubt oder aber mit einer Polbrücke verschweißt. Dadurch entsteht der Plattensatz. Durch Zusammenfügung je eines positiven und negativen Plattensatzes, welche voneinander isoliert sein müssen, entsteht der Plattenblock. Zur Isolation der positiven und negativen Platten gegeneinander und auch gegen das Zellengefäß (bei Röhrchenzellen) wird Hartgummi oder gleichwertiger Kunststoff verwendet. Der Plattenblock ist in das Zellengefäß aus Stahlblech fest eingesetzt. Der Deckel ist mit dem Gefäß verschweißt, so daß das Innere der Zelle unzugänglich und gegen Beschädigung geschützt ist. Die beiden Polableitungen sind isoliert und abgedichtet durch den Deckel hindurchgeführt. Der Zellendeckel hat in der Mitte eine Füllöffnung, in welche der Verschlußstopfen mit Bajonettverschluß eingesetzt wird. Der Verschlußstopfen ist als Ventil ausgebildet, welches die im Innern der

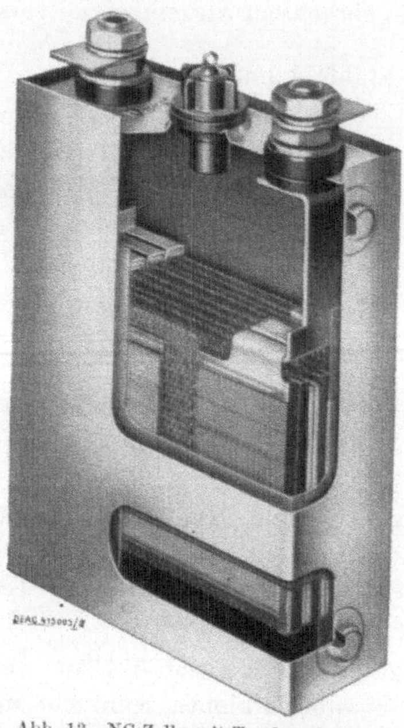

Abb. 13. NC-Zelle mit Taschenplatten, aufgeschnitten, Zugbeleuchtungstype der DB.

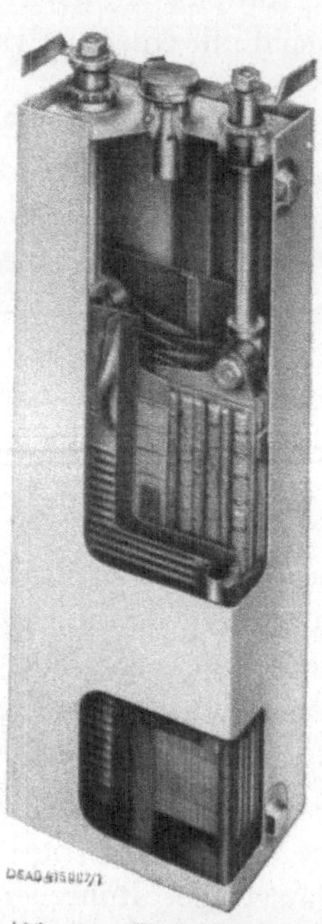

Abb. 14. Nickeleisenzelle mit positiven Röhrchenplatten, aufgeschnitten.

Zelle entstehenden Ladegase austreten läßt, aber das Eindringen von Außenluft in die Zelle verhindert.

Für die Zwecke der elektrischen Zugbeleuchtung wird das Zellengefäß mit hohem Elektrolyt-Raum vorgesehen, um ein Nachfüllen mit destilliertem Wasser nur in langen Zeitabständen vornehmen zu müssen. Die Wartung und Instandhaltung der Batterie wird dadurch vereinfacht. Abb. 13 zeigt den Schnitt durch eine Zelle mit Taschenplatten (Fabrikat DEAC) in der Ausführung der Deutschen Bundesbahn.

Abb. 14 zeigt eine Zelle mit positiven Röhrchenplatten. Für erschwerte

Betriebsverhältnisse, insbesondere auf Bahnen in heißen Zonen, wird ein hohes und breites Zellengefäß angewendet, so daß nicht nur ein erhöhter, sondern auch um den Plattenblock ein größerer Elektrolyt-Raum entsteht.

b) Chemischer Vorgang.

In der geladenen Zelle besteht die wirksame Masse der positiven Platte aus Nickelhydroxyd ($Ni [OH]_3$), die der negativen Platte beim Nickeleisen-Akkumulator aus fein verteiltem metallischen Eisen (Fe) oder beim Nickelcadmium-Akkumulator vorwiegend aus fein verteiltem metallischen Cadmium (Cd).

Werden die beiden Pole der Zelle über einen Widerstand (Stromverbraucher) miteinander verbunden, so entsteht ein geschlossener Stromkreis und es fließt ein Strom, durch dessen Einwirkung eine elektrochemische Umwandlung stattfindet. Die Masse der positiven Platte wird reduziert, die Masse der negativen Platte oxydiert.

Durch Bindung von Wasser (H_2O) aus dem Elektrolyten steigt die Dichte mit fortschreitender Entladung geringfügig an.

Bei der Ladung erfolgt der elektrochemische Vorgang in umgekehrter Richtung. Es wird also die Masse der positiven Platte wieder höher oxydiert, die Masse der negativen Platte wieder zu metallischem Eisen bzw. Cadmium bis zur Wiederherstellung des Ausgangszustandes reduziert.

Durch Rückbildung von Wasser (H_2O) tritt wieder eine leichte Verringerung der Elektrolytdichte ein. Nachstehende Tabelle veranschaulicht den chemischen Vorgang:

Ladezustand		geladen	entladen
+ Platte		Nickel (3)-hydroxyd $[Ni (OH)_3]$	Nickel (2)-hydroxyd $[Ni (OH)_2]$
− Platte	Nickel-*Eisen*-Zelle	fein verteiltes, metallisches Eisen $[Fe]$	Eisenhydroxyd $[Fe (OH)_2]$
	Nickel-*Cadmium*-Zelle	fein verteiltes, metallisches Cadmium $[Cd]$	Cad. (2)-hydroxyd $[Cd (OH)_2]$
Formel-Dar-stellung	Nickel-*Eisen*-Zelle	$2 Ni (OH)_3 + Fe \underset{\text{Entladung}}{\overset{\text{Ladung}}{\rightleftharpoons}} 2 Ni (OH)_2 + Fe(OH)_2$	
	Nickel-*Cadmium*-Zelle	$2 Ni (OH)_3 + Cd \underset{\text{Entladung}}{\overset{\text{Ladung}}{\rightleftharpoons}} 2 Ni(OH)_2 + Cd(OH)_2$	

Als Elektrolyt wird verdünnte Kalilauge verwendet, deren Dichte bei $+20°$ C, in geladenen Zellen etwa 1,20 betragen soll. Das KOH der Lauge selbst nimmt am chemischen Umsetzungsvorgang nicht teil, sondern lediglich etwas Wasser, so daß sich also die Dichte des Elektrolyten zwischen Ladung und Entladung nur unwesentlich ändert. Sie bewegt sich etwa in den Grenzen 1,19 bei geladener und 1,21 bei entladener Zelle. Die Laugedichte ist also im Gegensatz zur Säuredichte beim Bleiakkumulator kein Maßstab für den Ladezustand der Batterie.

Da sich der Elektrolyt im Laufe der Zeit durch Aufnahme von Kohlensäure aus der umgebenden Luft verunreinigt, ist es erforderlich, in gewissen Zeitabständen eine Erneuerung des Elekrolyten durchzuführen, die bei Zuglichtbatterien etwa alle $1^1/_2$ bis 2 Jahre erfolgen soll.

c) Einbau der Zellen.

Da die Zellengefäße des Stahlakkumulators elektrisch leitend sind, müssen dieselben in den Batterieträger so eingebaut werden, daß sie gegeneinander und gegen Masse isoliert sind. Zu diesem Zweck sind an

Abb. 15. Batterieträger.

den Seiten der Zellengefäße runde Ansätze (Knopfbleche) angeschweißt, auf welche Kappen aus Isolierstoff (Knopfisolatoren) gesteckt werden. Die Längswände des hölzernen Batterieträgers besitzen entsprechende Bohrungen, in welche die Zellengefäße mittels der Knopfisolatoren eingehängt sind. Abb. 15 zeigt einen Batterieträger mit 3 Zellen.

Wieviel Zellen in den Batterieträger eingebaut werden, richtet sich nach der gesamten Zellenzahl der Batterie sowie nach der Größe und dem Gewicht der Zelle. Der Batterieträger soll von 2 Mann an den Traggriffen gut getragen werden können.

Im Batterieträger sind die Zellen durch Polverbinder miteinander in Reihe geschaltet. Der positive und negative Endpol ist an je eine Klemme, die an der Stirnseite des Batterieträgers sitzt, herangeführt. Die Verbindung der Batterieträger untereinander erfolgt durch flexible Verbindungskabel.

d) Unterbringung der Batterie unter dem Eisenbahnwagen.

Die Batterieträger werden in den Batteriebehälter, der am Wagen-untergestell aufgehängt ist, eingesetzt. Die freien Pole der Batterie werden mittels der Endkabel an die seitlich am Behälter sitzenden An-schlüsse geführt. Bisher war der Batteriebehälter meist ein Holzbehälter (siehe Anhang Abb. 116). Der moderne Waggonbau zieht jedoch mehr und mehr den eisernen Behälter vor, der mit in die Wagenkonstruk-

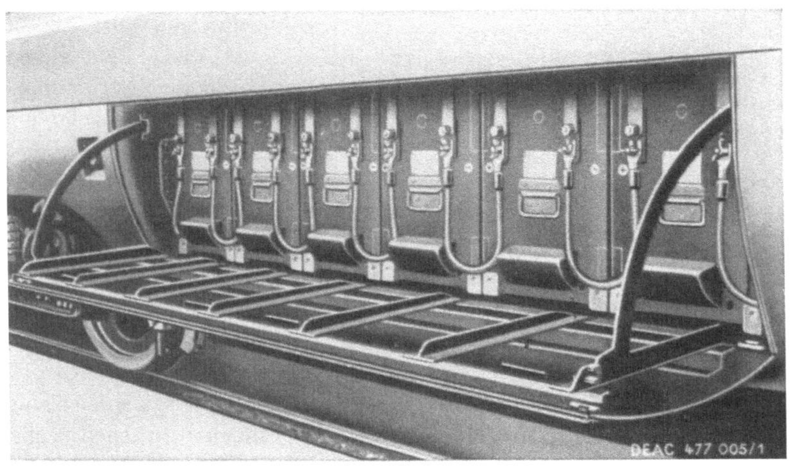

Abb. 16. Eiserner Batteriebehälter mit Stahlbatterie (18 Zellen NC 180). Behältertür geöffnet.

tion einbezogen ist. Die herabklappbare Behältertür ist der wind-schnittigen Wagenverkleidung angepaßt (Abb. 16). Damit die Batterie gegen Masse des Wagens einwandfrei isoliert ist, werden vor allem bei dem eisernen Batteriebehälter Isolierplatten aus Keramik mit Führungs-stegen am Boden des Behälters angebracht, auf welchen die Batterie-träger stehen (s. Anhang Abb. 118). Die Maße der Batterieträger und -behälter sind im Anhang S. 172 und 173 aufgeführt.

e) Physikalische Eigenschaften des Stahlakkumulators.

Die Ruhespannung liegt je nach Ladezustand, Temperatur sowie Dichte und Reinheit des Elektrolyten zwischen etwa 1,3 und 1,5 V.

Die mittlere Entladespannung bei dem 5stündigen Entladestrom liegt bei etwa 1,20 V, die Entlade-Schlußspannung bei etwa 1,00 V.

Tiefere Entladungen, die gelegentlich vorkommen können, schaden dem Stahlakkumulator nicht, bedingen jedoch zur Wiederherstellung des vollen Ladezustandes eine entsprechend längere Ladung.

Die Ladung des Stahlakkumulators wird mit dem normalen Ladestrom, der dem 5stündigen Entladestrom entspricht, 7 Stunden lang durchgeführt. Hierbei steigt die Ladespannung bei dem Nickeleisen-Akkumulator (Röhrchenzelle) von etwa 1,60 bis 1,80 V, bei dem Nickelcadmium - Akkumulator mit Röhrchenzelle von etwa 1,45 bis etwa 1,80 V und bei dem Nickelcadmium - Akkumulator mit Taschenzelle von 1,35 bis 1,75 V. Der Verlauf der Entlade- und Ladespannung für verschiedene Stromstärken ist aus den Kennlinien zu ersehen, wobei Abb. 18 sich auf Nickeleisenzelle mit Röhrchenplatten und Abb. 17 auf Nickelcadmiumzelle mit Taschenplatten bezieht.

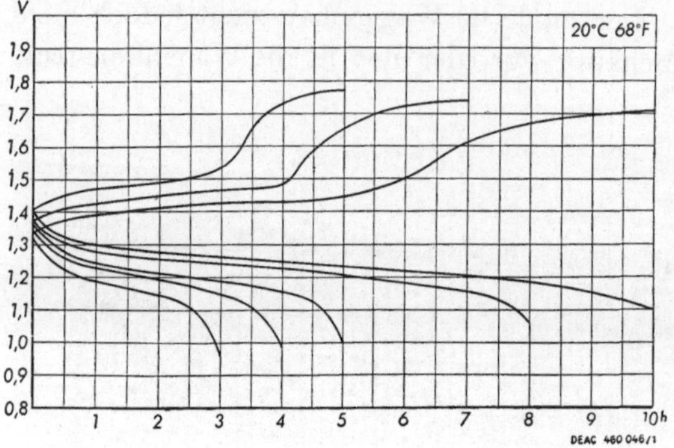

Abb. 17. Kennlinien für NC-Zelle: Entlade- und Ladespannungen bei verschiedenen Entlade- und Ladezeiten.

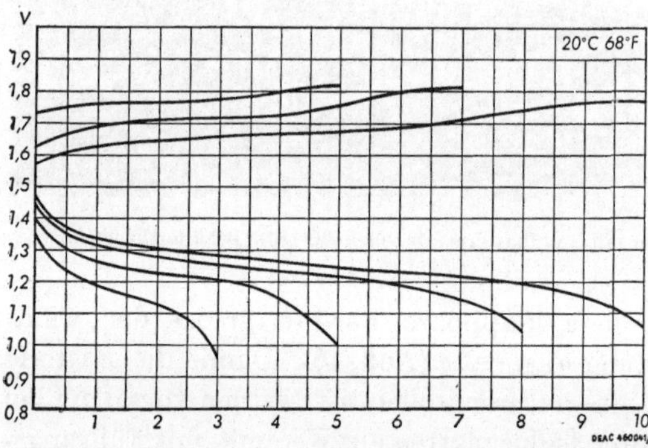

Abb. 18. Kennlinien für die Nickeleisen-Zelle: Entlade- und Ladespannungen bei verschiedenen Entlade- und Ladezeiten.

Zum Zwecke einer beschleunigten Ladung darf auch beim Stahlakkumulator zu Beginn der Ladung der Ladestrom höher sein, wenn nur dafür gesorgt wird, daß gegen Ende der Ladung der Strom auf den normalen Wert, besser noch weiter zurückgeht.

Bei Ladung und Entladung muß darauf geachtet werden, daß die Temperatur des Elektrolyten nicht über 35° C ansteigt.

Bei Zuglichtanlagen mit selbsttätiger Spannungsregelung wird dem Nickelcadmium-Akkumulator der Vorzug gegeben, weil dessen steilansteigende Spannungskennlinie im letzten Teil der Ladung mit der Ladekennlinie des Bleiakkumulators annähernd übereinstimmt.

f) Vor- und Nachteile des Stahlakkumulators.

Der Stahlakkumulator ist in Bezug auf Lade- und Entladestrom hoch belastbar. Er ist nahezu unempfindlich gegen rauhe und unsachgemäße Behandlung. Da keine Sulfatierung (wie bei dem Bleiakkumulator) eintreten kann, darf der Stahlakkumulator lange Zeit unbenutzt auch im entladenen Zustand stehenbleiben. Kurzzeitige Kurzschlüsse, eine Überladung oder zu tiefe Entladung, schaden dem Stahlakkumulator nicht. Seine Wartung ist einfach. Die Lebensdauer des Stahlakkumulators ist größer als die des Bleiakkumulators. Der Nickelcadmium-Akkumulator hat eine dem Bleiakkumulator gleichartige Ladekennlinie.

Gegenüber dem Bleiakkumulator hat der Stahlakkumulator folgende Nachteile:

1. Der Wirkungsgrad in Ah beträgt etwa 0,72 und in kWh etwa 0,55.

2. Die Unterschiede zwischen der Lade- und Entladespannung sind größer.

3. Die mittlere Zellenspannung des alkalischen und Blei-Akkumulators liegt bei 1,4 bzw. 2,05 V. Im umgekehrten Verhältnis muß die Zellenzahl beider Batteriearten angesetzt werden. Für die übliche Spannung bei Zugbeleuchtung (24 V) werden 18—20 Zellen vorgesehen.

3. Reine Batteriebeleuchtung.

Bei Einführung der elektrischen Beleuchtung in Eisenbahnwagen wurde überwiegend das Lampennetz des Wagens aus einer Batterie gespeist. In Deutschland und in anderen Ländern wurde eine größere Anzahl D-Zugwagen, Schlafwagen und Speisewagen mit reiner Batteriebeleuchtung ausgerüstet. Die Wagen wurden für die Aufladung der Batterie auf besondere Abstellgleise geschoben, wobei der Ladestrom von dem elektrischen Maschinensatz über eine Verteilungsleitung an die Bahnsteige herangeführt wurde. Es waren Anschlußsäulen aufgestellt, mit denen die Batterien des Wagens über Kupplungskabel verbunden wurden. Als zweckmäßiger hat es sich erwiesen, die Batterie aus dem Wagen herauszunehmen und zur ortsfesten Ladestation zu bringen. Eine gutaufgeladene Batterie wurde im Austauschverfahren wieder in den Wagen eingesetzt.

Die reine Batteriebeleuchtung zeichnet sich durch einfache Anordnung und große Betriebssicherheit aus. Nachteilig ist jedoch die Abhängigkeit von einer ortsfesten Ladestelle. Die Brenndauer der Beleuchtung ist durch die Kapazität der Batterie begrenzt. Die Betriebs- und Unterhaltungskosten, wozu auch die der Ladestelle zu rechnen sind, sind beträchtlich.

In Deutschland und in anderen Ländern ist die reine Batteriebeleuchtung von D-Zug- und Personenwagen durch den Einbau eines Achsgenerators zu einer selbständigen Anlage erweitert worden. Doch findet man noch heute vereinzelt in kleinen Personenwagen auf Nebenbahnen, ferner in kleinen Post- und Packwagen, die reine Batteriebeleuchtung vor. Die Batterie ist hierbei tragbar und wird, wenn sie entladen ist, gegen eine aufgeladene von der Ladestelle ausgetauscht. In den Bahnpostwagen der DBP ist zur Erhöhung der Betriebssicherheit der Beleuchtung noch der Anschluß einer Notbatterie vorgesehen. Wenn die Lichtanlage mit Achsgenerator gestört und infolgedessen die Hauptbatterie entladen ist, wird die Notbatterie, welche in drei Holztrögen eingebaut ist und leicht transportiert werden kann, in den Wagen eingesetzt und angeschlossen. Der Lichthauptschalter wird von Stellung „Hauptbatterie“ auf Stellung „Notbatterie“ umgestellt. Die Post-Normalbatterie, Type IGO 20/5 (Gro-Bauart), hat die 5stündige Kapazität von 75 Ah. In neuerer Zeit wird die Batterietype Pz 85 (Pz-Bauart) verwendet, welche die 5stündige Kapazität von 85 Ah besitzt.

Bei der italienischen Staatsbahn hat sich die reine Batteriebeleuchtung bis heute in D-Zug- und Personenwagen in großem Umfang erhalten. Auf den Großbahnhöfen sind guteingerichtete Ladestationen vorhanden, welche die Batterieeinheiten im aufgeladenen Zustand zur Verfügung halten. Sofort nach Ankunft des Zuges fahren Betriebsleute auf Lastkarren die Batterien an den Zug, nehmen die entladenen Batterien aus den Batteriebehältern und setzen dafür geladene Batterien ein. Die Auswechslung geht sehr schnell vonstatten. Jeder Batteriekasten hat an der rückwärtigen Stirnseite Kontaktklötze. Als Gegenstück sitzen an der Rückseite des Batteriebehälters innen die entsprechenden Kontaktfedern. Wenn der Kasten ganz in den Behälter eingeschoben ist, greifen beide Kontaktteile ineinander und geben betriebssichere Verbindung zwischen Batterie und Lichtnetz. Eine Batterieeinheit besteht aus zwei Batteriekästen mit je sechs Zellen. Die Spannung der Einheit beträgt 24 V, die Kapazität 120 Ah. Die Batterie ist in der bekannten Leichtbauart mit Gitterplatten ausgestattet.

Je nach der Gattung der Wagen werden zwei bis sechs Batterieeinheiten parallel geschaltet. Dies gilt sowohl für Personen- und D-Zugwagen, als auch für Wagen, die im internationalen Verkehr laufen. Dementsprechend sind die Batteriebehälter für zwei oder mehrere Batterieeinheiten bemessen und unterteilt.

Die Beleuchtung in den einzelnen Wagen hat nur eine begrenzte Helligkeit. Sie liegt zum Teil unter der nach den RIC-Vorschriften festgelegten Beleuchtungsstärke (s. Anhang, S. 158). Die italienische Staatsbahn sieht sich allmählich gezwungen, auf eine stärkere Beleuchtung überzugehen. Daher werden gegenwärtig Versuche mit der Achsgeneratoren-Beleuchtung eigener Konstruktion ausgeführt.

4. Batterieladestelle und -instandsetzungswerkstatt.

Wenn auch infolge der allgemeinen Einführung des Achsgenerators die Batterien in einer ortsfesten Ladestelle nicht regelmäßig nachgeladen werden müssen, so erfordert doch die laufende Batteriepflege von Zeit zu Zeit eine gründliche Nachladung derselben. Daher kann man auf eine Ladestelle in beschränktem Umfang nicht verzichten, der in der Regel eine Batterie-Instandsetzungswerkstatt angegliedert wird. Es soll an dieser Stelle auf deren zweckmäßige Einrichtung kurz eingegangen werden.

Die elektrische Energie steht in den meisten Fällen als Drehstrom zur Verfügung, der durch rotierende Umformer oder Trockengleichrichter in Gleichstrom umgeformt werden muß.

Der Gleichstromteil des rotierenden Umformers muß in einem weiten Bereich regulierbar sein, damit eine oder mehrere Batterien gleichzeitig geladen werden können. Jede Batterie hat einen eigenen Anschluß mit Regulierwiderstand sowie Strom- und Spannungsmesser, so daß ihre Aufladung unabhängig von den anderen Batterien, welche auch an dem Umformer liegen, durchgeführt werden kann. Nach ähnlichen Bedingungen einer unabhängigen Regulierfähigkeit werden auch Trockengleichrichter für die Aufladung von Zuglichtbatterien angewendet.

Batterieladeraum: Der Laderaum muß ausreichende Lüftung besitzen, damit an keiner Stelle sich explosibles Knallgas bilden kann. Offene Flammen oder Funkenbildung müssen vermieden werden. Der

Raum soll frei von Staub, von schädlichen Gasen oder Dämpfen gehalten werden können.

Die Laderäume für Blei- und Stahlbatterien müssen tunlichst voneinander getrennt sein, denn die Ladegase der Bleibatterie enthalten Schwaden von Schwefelsäure, welche auf die Stahlbatterie einen zerstörenden oder schädigenden Einfluß ausüben. Werkzeug, Behälter und Abfüllgeräte müssen für Blei- und Stahlbatterien peinlichst getrennt gehalten werden.

Der Fußboden des Laderaumes soll einen säure- oder laugebeständigen Belag besitzen. Zementboden mit Asphaltbelag oder ein solcher mit Klinkersteinen oder Keramikplatten belegt, hat sich gut bewährt. Mit Rücksicht auf das verhältnismäßig hohe Gewicht der Batterien ist die Tragfähigkeit des Bodens genau zu prüfen.

Ähnliche Gesichtspunkte wie für den Laderaum gelten auch für den Werkstattraum der Batterieinstandsetzung. Für die Bleibatterie müssen vorhanden sein:

Wasseranschluß für das Auswaschen und Ausspritzen der Zellengefäße;

Spülbottiche aus Holz mit Bleiblech ausgelegt;

Abfluß für Säure und Spülwasser, wobei die Vorschrift besteht, eine Neutralisierungsgrube einzubauen, wenn die Abwässer in das kommunale Kanalsystem geleitet werden;

Sammelbehälter für Altblei und Bleischlamm, das der Wiederverwertung zugeführt werden soll;

niedrige, kräftige Holztische, auf welchen die Zellen aus- und wieder eingebaut und die Plattensätze gerichtet sowie die sonst erforderlichen Instandsetzungsarbeiten ausgeführt werden;

das übliche Werkzeug für den Plattensatzwechsel, wie Plattensatz-Heber, Steckschlüssel, Klammern usw.;

Bleilöteinrichtung, bestehend aus Wasserstoff- und Sauerstoffflasche mit Reduzierventilen, Schläuchen und Lötpistolen;

Je ein *Glasballon* mit Schutzkorb umgeben für destilliertes Wasser und Akkumulatorensäure;

Abfüllkrüge aus Glas oder Keramik, Abfülltrichter, eventuell eine automatische Fülleinrichtung;

Hebersäuremesser zum Messen des spezifischen Gewichtes der Säure;

Säureprüfgerät mit den nötigen Reagenzchemikalien;

Schutzkleidung, bestehend aus Säureanzügen, Gummischürzen, Holzpantinen, Gummihandschuhen, Gummifingern usw.;

kleiner *Sanitätsschrank* mit Medikamenten und Mitteln, um bei Verletzungen die erste Hilfe leisten zu können.

Die Instandhaltung der alkalischen Batterie erfordert eine einfachere Einrichtung, da nur die Säuberung der Zellen und Zellenträger, ferner der Laugewechsel und die Erneuerung des Lacküberzuges in Frage kommt. Demgemäß werden an Einrichtungen benötigt:

Wasserleitungsanschluß und Spüleinrichtung;

Montagetische, wie vorher angegeben;

das übliche *Werkzeug* für das Auseinandernehmen der Zellenträger und den Wiederzusammenbau derselben.

Die Lauge wird meist in einem eisernen Faß mit luftdichtem Schraubverschluß aufbewahrt. Das destillierte Wasser, das frei von Schwefelsäure sein muß, wird in einem Glasballon mit Schutzkorb auf Vorrat gehalten. Abfülltrichter, Abfüllkannen aus Glas oder laugebeständigem Kunststoff, automatische Abfüllgeräte sind in Anwendung.

Schutzkleidung und Sanitätsschrank, speziell für den alkalischen Akkumulator, sind erforderlich. Sanitätsmittel sind bereitzuhalten, die bei der Behandlung von Verletzungen mit Lauge angewendet werden müssen. Bei dem Arbeiten mit Lauge ist für bloße Körperteile und für die Augen besondere Vorsicht geboten. Die einschlägigen Bedienungsvorschriften weisen auf die nötigen Vorsichtsmaßnahmen hin.

B. Achsgenerator.

Die Beleuchtung mit Achsgenerator und Batterie hat bis jetzt die weiteste Einführung gefunden. Ihre Vorteile liegen besonders darin, daß sie die Freizügigkeit und allgemeine Verwendbarkeit der Reisezugwagen nicht beeinträchtigt. Die Beleuchtung ist unabhängig von der Lokomotive. Durch den Übergang von Dampfstrecken auf elektrische Strecken und umgekehrt wird die Beleuchtung des Wagens nicht behindert. Wohl sind die Anschaffungskosten höher als die einer anderen elektrischen Beleuchtungsart, doch fallen praktisch keine Betriebskosten an. Die Instandhaltungskosten sind bei den heute betriebssicheren Anlagen niedrig.

Die technische Entwicklung des Achsgenerators und seiner Regelung hat schon im Jahre 1890 eingesetzt. Sie stellte jedoch die Elektrotechniker und Konstrukteure vor schwere Aufgaben. Es hat mehrerer Jahrzehnte bedurft, bis betriebssichere und wirtschaftliche Einrichtungen geschaffen werden konnten. Unzählige Erfindungen und Konstruktionen wurden gemacht und in die Praxis eingeführt, jedoch nur eine geringe Auslese konnte sich dabei behaupten.

Der Achsgenerator wird bei Fahrt von der Wagenachse (mittels Riemen oder durch einen Kardanantrieb) angetrieben und erzeugt elektrischen Strom für die Beleuchtung des Wagens und die Ladung der Batterie. Bei Stillstand des Zuges speist die Batterie allein die Beleuchtung und übrigen Stromverbraucher des Wagens.

Die Betriebsbedingungen, denen eine gute Bauart entsprechen muß, sind nicht leicht zu erfüllen und sollen daher angeführt werden:

1. Die Kraftübertragung von der Wagenachse zum Generator muß den außergewöhnlich harten Beanspruchungen des Bahnbetriebs gewachsen sein. Es soll möglichst ein elastisches Zwischenglied vorgesehen werden, damit alle stoßweise auftretenden Kräfte, welche die Wagenachse bei Rangierstößen oder scharfem Bremsen abgibt, von der Ankerwelle des Generators ferngehalten werden. Trotzdem muß das höchstmögliche Drehmoment gleitfrei bei voller Belastung des Generators übertragen werden. Der Antrieb muß allen Temperatur- und Witterungseinflüssen unter dem Wagen standhalten und soll keiner besonderen Wartung bedürfen; denn erst bei der jeweiligen Hauptuntersuchung des Wagens nach einer Laufzeit von etwa 100000 bis 150000 km kann die notwendige Instandhaltung und Schmierung des Generators und Antriebs vorgenommen werden.

2. Der Achsgenerator muß trotz wechselndem Drehsinn Strom gleicher Polarität abgeben. Unabhängig von der veränderlichen Drehzahl, die proportional der Zuggeschwindigkeit verläuft, muß der Achsgenerator gleichbleibende Spannung und Leistung abgeben.

3. Die Spannung und Stromstärke des Generators muß im Verlauf der Batterieladung in der Weise geregelt werden, daß im Hauptteil der Ladung ein hoher Ladestrom abgegeben wird, der jedoch so begrenzt wird, daß der Generator nicht überlastet werden kann. Wenn hingegen die Batterie vollgeladen ist, muß selbsttätig der Batterieladestrom auf einen für die Batterie unschädlichen Wert zurückgehen. Ohne daß ein besonderer Austausch der Reglertypen notwendig wird oder sonst eine umständliche Vorkehrung getroffen werden muß, soll die Lichtanlage mit Achsgenerator freizügig in allen Zuggattungen, sowohl in D- und Fernzügen als auch in langsamlaufenden Personenzügen mit vielen Aufenthalten eingesetzt werden können. Dabei soll stets die volle Ladung der Batterie erreicht werden.

4. Die Spannung am Lampennetz muß bei Fahrt innerhalb der zulässigen Grenzen bleiben. Schwanken und Zucken des Lichtes muß

vermieden werden. Zwischen Stillstand und Fahrt des Zuges sollen keine auffallenden Unterschiede in der Helligkeit auftreten.

Die Beleuchtung mit Achsgenerator setzt sich aus folgenden Hauptteilen zusammen:

Aufhängung und Antrieb des Achsgenerators;

Generator, entweder selbstregelnd oder durch ein besonderes Reglergerät gesteuert;

Regler- und Schaltgeräte;

Batterie;

je nach der Bauart Zusatzgeräte, wie mechanisch oder elektrisch betätigter Polwechsler, Lampenregler, Batteriewechselschalter usw.;

Stromverteilungstafel oder -kasten mit Lichthauptschalter und Sicherungen.

1. Antrieb.

Der Achsgenerator wird angetrieben:

durch Riemen, wie Flachriemen, Keilriemen (Generatorleistung bis 4 kW);

durch seitlichen Kardan-Antrieb (Generatorleistung 3—10 kW);

durch Mittelkardan-Antrieb (Generatorleistung 20 kW und höher);

durch Stirnrad-Antrieb, wobei der Generator in Tatzlager-Aufhängung im Drehgestell eingebaut ist (Generator-Leistung 20 kW und höher).

a) Riemenantrieb.

Der Riemenantrieb, und zwar besonders der mittels Flachriemen, wird heute wohl am meisten angewendet. Seine Vorteile sind die einfache Anordnung, leichte Austauschbarkeit des Riemens und daher keine Abhängigkeit vom Ausbesserungswerk, geringe Anschaffungs- und Unterhaltungskosten. Der Riemen dient als elastisches Zwischenglied zwischen Wagenachse und Ankerwelle. Wenn nämlich bei plötzlichem Bremsen des Zuges (Schnellbremsung) die Wagenachse sprunghaft auf eine niedrige Drehzahl verzögert oder sogar festgesetzt wird, dann tritt Riemenschlupf auf, so daß der Anker vor unzulässig hoher mechanischer Belastung geschützt wird. Als nachteilig für den Riemenantrieb ist anzuführen, daß er mehr oder weniger den Witterungseinflüssen unter dem Wagen ausgesetzt ist. Bei feuchtem Wetter und besonders im Winter bei Schnee und Eis besteht die Gefahr des Riemenschlupfes und vorzeitigen Riemenverlustes. Doch können derartige Betriebsausfälle weitgehend vermieden werden, wenn auf beste Riemenqualität und zweckmäßige Riemenverbinder Wert gelegt und durch eine selbsttätige Riemenspannvorrichtung ein unnötiger Riemenschlupf vermieden wird.

3*

Der Riemen soll bei niedriger Zuggeschwindigkeit, kurz nachdem der
Selbstschalter angesprochen hat und der Generator seine volle Leistung
erreicht, das erhöhte Drehmoment ohne Schlupf übertragen. Wenn der
Riemen zum Gleiten kommt, dann zieht er meist nicht mehr voll durch,
auch wenn die Zuggeschwindigkeit ansteigt. Durch die Reibung auf der
Riemenscheibe wird der Riemen stark erwärmt, was zum Reißen und
Verlust desselben führt. Abb. 42 auf Seite 60 zeigt die Werte des Dreh-
momentes an der Generatorwelle in Abhängigkeit von der Drehzahl,

Abb. 19.   Achsgenerator (Dp I oder Dg 100) am Drehgestell.

woraus zu ersehen ist, daß mit steigender Drehzahl das Drehmoment
wieder kleiner wird.

Der Achsgenerator wird entweder am Wagenuntergestell (bei zwei-
und dreiachsigen Wagen) oder am Drehgestell aufgehängt. Die Aufhängung am Drehgestell geschieht in der Weise, daß der Generator an
einem besonderen Ausleger, der am Querträger des Drehgestells angeschweißt oder angenietet ist, hängt. Abb. 19 zeigt die Aufhängung
eines Generators Type Dp 1 oder Dg 100 am Drehgestell.

Bei Achsgeneratoren älterer Bauart ist das Gewicht im Verhältnis
zur Nennleistung hoch. Daher kann man in einfacher Weise den Generator in einer Schräglage bis etwa 45° pendelnd aufhängen, wobei die
horizontale Gewichtskomponente eine genügende Riemenvorspannung
bewirkt. Wenn sich allerdings der Riemen längt und der Generator

sich allmählich der senkrechten Lage nähert, wird die Riemenvorspannung vermindert, so daß Riemenschlupf und vorzeitiger Verlust desselben eintreten kann. Es muß deshalb darauf geachtet werden, daß rechtzeitig der Riemen gekürzt wird. Vor allem erfordern neuaufgelegte Riemen diese besondere Aufmerksamkeit.

Die Aufhängung nach Abb. 20 gestattet die Verstellung des Aufhängebolzens des Achsgenerators. Dadurch kann der Generator wieder in die erforderliche Schräglage gebracht werden, ohne daß ein Kürzen des Riemens nötig wird.

Die Generatoren moderner Bauart weisen auch bei höherer Nennleistung ein geringes Gewicht auf, so daß für die Übertragung des grö-

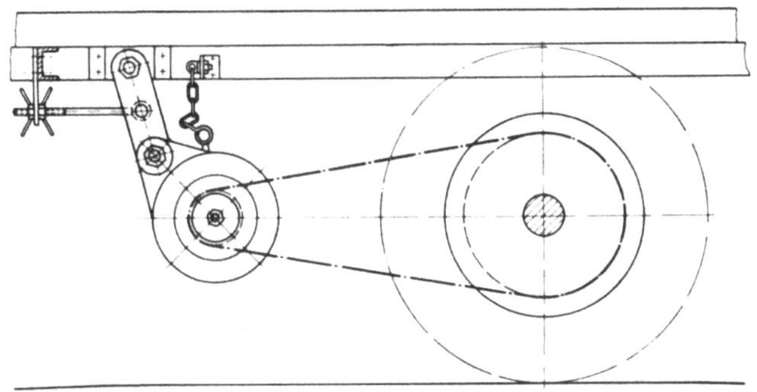

Abb. 20. Generatoraufhängung mit einstellbarer Schräglage.

ßeren Drehmomentes die genügende Riemenvorspannung nicht durch die Schräglage allein erzielt werden kann. In diesem Fall muß zusätzlich eine Spannfeder angeordnet werden, deren Spannung an der Gewindeschraube beliebig eingestellt wird.

Es gibt auch Ausführungen für Drehgestellwagen, bei denen der Achsgenerator am Wagenuntergestell aufgehängt ist und von der auf der Drehgestellachse sitzenden Achsriemenscheibe angetrieben wird. Die Achsriemenscheibe ist besonders breit und ballig. Der Abstand zwischen Laufachse und Generator wird mit 2,5 bis 4 m angenommen (Abb. 21). Obwohl das Drehgestell in den Kurven nach der einen oder anderen Seite ausschlägt, wird der Riemen durch die Balligkeit in der Mitte der Scheibe geführt.

Die Deutsche Bundesbahn (DB) wendet seit Einführung der Einheitsbauart (vor über 25 Jahren) die selbsttätige Riemenspannvorrichtung an, die sich an vielen Tausenden Eisenbahnwagen bestens bewährt hat.

Auch im Ausland und Übersee hat diese Anordnung mit gutem Erfolg Eingang gefunden. Abb. 22 zeigt die Riemenspannvorrichtung bei Auf-

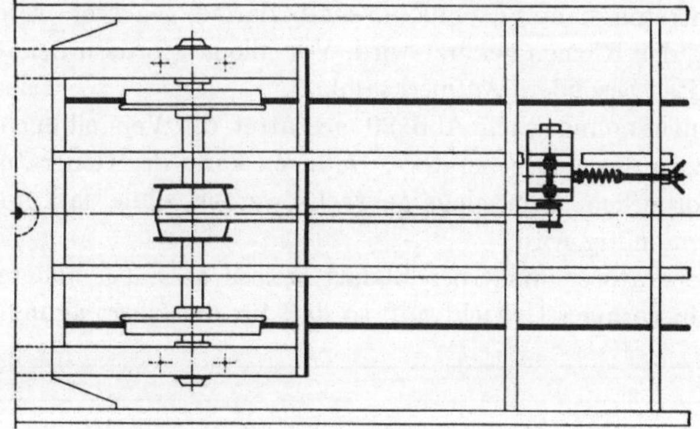

Abb. 21. Achsgenerator am Wagenkasten aufgehängt und von der Laufachse des Drehgestells angetrieben.

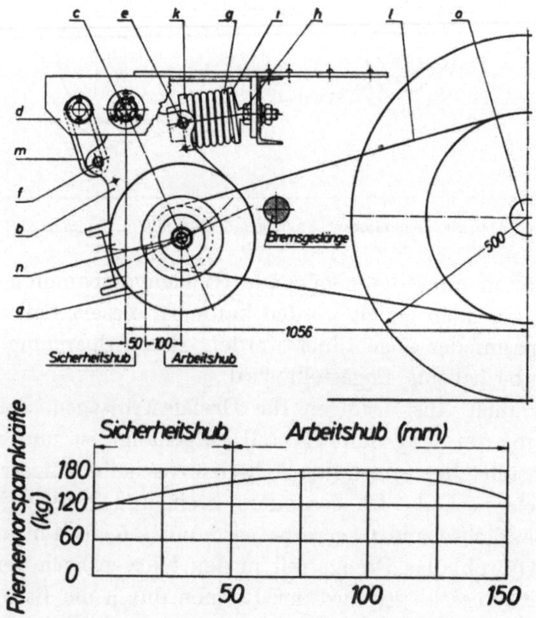

Abb. 22. Einheitspannvorrichtung der DB, Generator am Drehgestell.

hängung des Achsgenerators am Drehgestell, Abb. 24 die Aufhängung desselben am Wagenuntergestell.

Der Grundgedanke der selbsttätigen Riemenspannvorrichtung ist der, daß die Spannfeder an einem Punkt des Aufhängearmes angreift, der mit der Schräglage des Generators in einem Ausgleichverhältnis steht, so daß in jeder Lage des Generators die Summe der Gewichtskomponente (Z_g) und der Federkraftkomponente (Z_p) eine annähernd

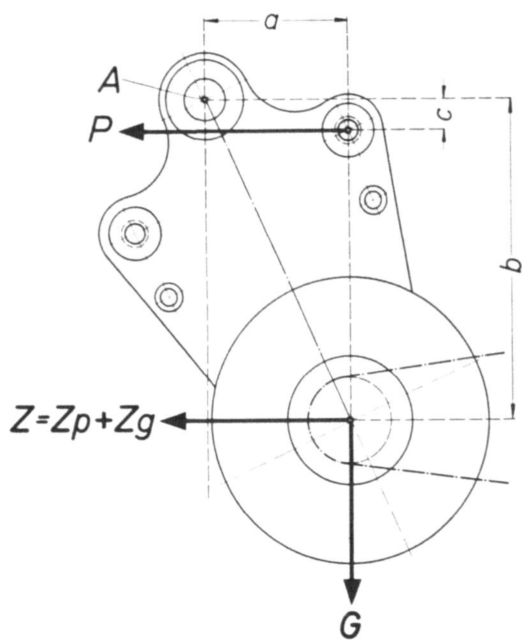

Abb. 23. Kräfteausgleich der Riemenvorspannung.

konstante Riemenvorspannung (Z) ergibt. Wie aus Abb. 23 ersichtlich läßt sich folgende Drehmomentengleichung aufstellen:

Dabei bedeutet:

G = Gewicht des Generators in kg (Annahme Schwerpunkt in der Wellenmitte);

Z_g = Gewichtskomponente für die Riemenvorspanung;

a und b = Hebelarme bezogen auf den Drehpunkt A;

P = Spannkraft der Feder in kg;

Z_p = Federkraftkomponente für die Riemenvorspannung;

c = Hebelarm bezogen auf den gemeinsamen Drehpunkt A.

1. $G \cdot a = Z_g \cdot b$ oder $Z_g = \dfrac{G \cdot a}{b}$

2. $P \cdot c = Z_p \cdot b; \quad Z_p = \dfrac{P \cdot c}{b}$

3. $Z = Z_g + Z_p = \dfrac{G \cdot a + P \cdot c}{b}$ konstant innerhalb des Ankerhubs.

Wenn der Generator sich seiner senkrechten Lage nähert, wird der Hebelarm c kleiner, desgleichen auch Z_g. Umgekehrt wird der Hebelarm c und damit Z_p größer. Durch richtige Wahl des Angriffspunktes p der Feder kann erreicht werden, daß innerhalb des Arbeitshubs des

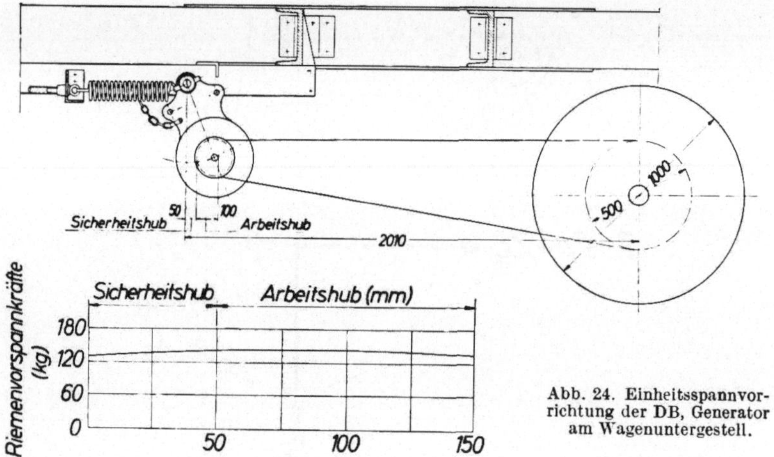

Abb. 24. Einheitsspannvorrichtung der DB, Generator am Wagenuntergestell.

Generators die Riemenvorspannkraft Z annähernd gleichbleibt. Das Diagramm auf Abb. 22 und 24 zeigt für beide Arten der Riemenspannvorrichtung den Verlauf der Riemenvorspannung.

Der Riemen kann sich um etwa 300 mm längen, ohne daß sich die Riemenvorspannung ändert, d. i. 10% seiner Gesamtlänge bei der Generatoraufhängung am Drehgestell.

Die Konstruktion der selbsttätigen Riemenspannvorrichtung für den Anbau an Drehgestelle ist aus Abb. 22 ersichtlich. In den Aufhängearmen b des Achsgenerators a ruht der Aufhängebolzen c, der in Rotgußbuchsen oder Stahlbuchsen des Generatorträgers d drehbar gelagert ist.

Der Bolzen e überträgt die Druckkraft der Feder g vom Federwiderlager h im Generatorträger d auf den Generator und vermittelt die notwendige Riemenvorspannung. Das Federwiderlager h ist kugelförmig ausgehöhlt und bildet mit dem Kugelansatz des Drucktellers i ein Gelenk. Der generatorseitige Druckteller k ist auf dem Bolzen e schwenkbar gelagert und mittels Spannschrauben mit dem Druckteller i und der Druckfeder g zusammengeschraubt, so daß bei Verlust des Riemens l kein Teil verlorengehen kann. Der Bolzen f und die Sicherheitsschäkel m haben die Aufgabe, den Generator abzufangen, falls im Betrieb durch besondere Umstände der Aufhängebolzen c abreißen sollte. Die Bolzen e und f sind in Bohrungen an den Aufhängearmen des Generators gelagert.

Auf Abb. 24 ist die Generatorenaufhängung am Wagenuntergestell gezeigt. Die Konstruktion stimmt annähernd mit der auf Abb. 22 gezeigten überein, mit dem Unterschied, daß die zusätzliche Federspannung nicht durch eine Druckfeder, sondern durch eine Zugfeder bewirkt wird.

Auf dem Lagerschild des Generators (s. Abb. 111, S. 163) ist ein Merkpfeil angebracht. Wenn dieser waagerecht liegt, befindet sich der Generator gerade in der untersten, noch zulässigen Betriebsstellung. Wenn der Generator in diese Lage gekommen ist, soll der Antriebsriemen gekürzt werden. Damit dies leicht geschehen kann, wird die Spannfeder durch Herausschrauben der zugehörigen Gewindemutter entspannt. Der Generator kann durch ein Zugseil, welches um die Generatorscheibe gelegt wird oder durch eine Hebelstange, welche zwischen die Aufhängearme des Generators gesteckt wird, so weit angehoben werden, bis der Antriebsriemen über die Bordränder der Generatorscheiben abgenommen werden kann. Nachdem der Riemen gekürzt und auf die richtige Länge gebracht worden ist, wird derselbe wieder aufgelegt. Hernach muß die Stellschraube des Riemenspannbolzens wieder bis zur Endstellung zurückgeschraubt werden. Diese Spannschraube dient nicht zum Einstellen einer beliebigen Riemenspannung, sondern nur dazu, das Auswechseln des Riemens zu erleichtern.

Damit ein einwandfreier Riemenantrieb gewährleistet wird, ist es wichtig, folgendes zu beachten:

Die Vorspannung des Flachriemens ist je nach der Größe des Generators zwischen 100 und 180 kg zu wählen. Bei einer Achsriemenscheibe mit 500 mm Lauffächen-Durchmesser und einem Laufrad von 960 mm Durchmesser ergibt sich eine Riemengeschwindigkeit von 15,6 m/sek. bei etwa 110 km/h Zuggeschwindigkeit.

Ein Lederriemen hat sich für den Antrieb von Achsgeneratoren als ungeeignet erwiesen, da derselbe den Witterungseinflüssen unter dem Wagen nicht standhält. Vor allem der Balata-Riemen sowie der Gummigeweberiemen werden von der Deutschen Bundesbahn und von vielen ausländischen Bahnen angewendet. Erfahrungsgemäß hat sich die beste Qualität des Riemenmaterials als am wirtschaftlichsten erwiesen. Die Riemenbreite liegt bei 90, 110 oder 125 mm, die Riemenstärke etwa bei 4 bis 6 mm. Bei der Aufhängung des Generators am Drehgestell werden etwa 3,0 bis 3,10 m, bei Aufhängung des Achsgenerators am Wagenuntergestell 5 bis 6 m oder mehr gebraucht.

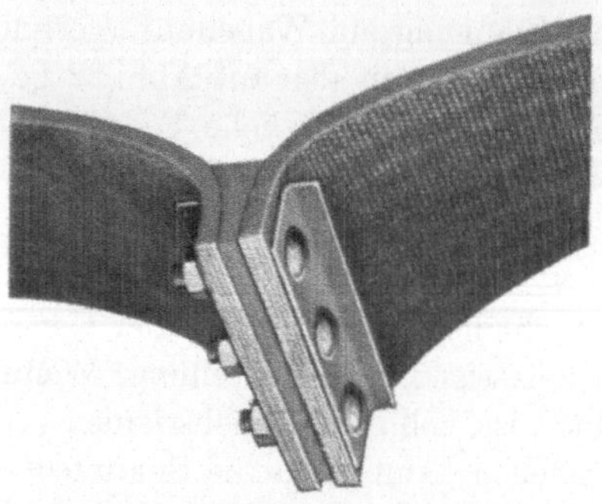

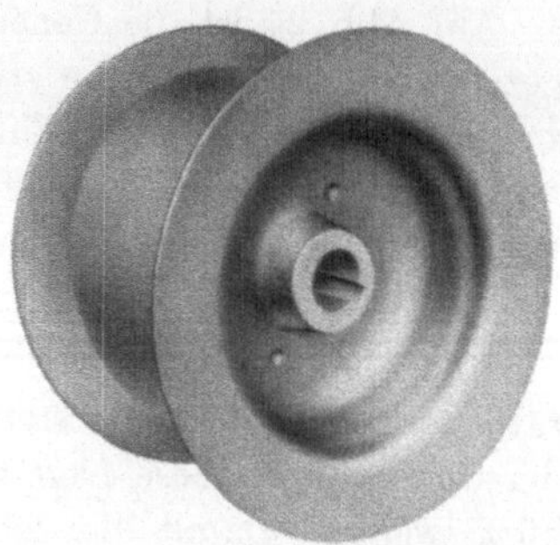

Abb. 25. Verbinder für Gummiflachriemen.   Abb. 26. Generator-Riemenscheibe.

Der Riemen muß bekanntlich zwischen Laufachse und Bremsgestänge durchgeführt werden. Damit dies jederzeit ohne Schwierigkeit ausgeführt werden kann, ist ein endloser Riemen nicht anwendbar. Vielmehr müssen die Enden des Riemens durch einen Riemenverbinder verbunden werden.

Im Laufe der Jahre sind viele Arten von Riemenverbindern konstruiert und praktisch erprobt worden. Der Riemenverbinder nach Abb. 25 ist einfach, betriebssicher und kann leicht abgenommen und wieder aufgelegt werden. Er hat sich bei der Deutschen Bundesbahn und bei vielen Bahnen im Ausland gut bewährt. Die beiden Schienen des Verbinders werden an die nach außen gebogenen Enden des Riemens rechtwinklig angelegt und durch Schloßschrauben angezogen. Durch den zwischengelegten Gummikeil wird der Schlag des Riemenverbinders beim Lauf über die Riemenscheibe stark gedämpft und dadurch die Lebensdauer des Antriebsriemens wesentlich verlängert. Der Riemenverbinder soll etwa 10 mm schmaler sein als die zugehörige Riemenbreite.

Die zwischenstaatlichen Vereinbarungen der Bahnverwaltungen schreiben vor, daß das Schloß an der Verbindungsstelle einschließlich Riemen die Gesamthöhe von nicht mehr als 40 mm aufweist.

Die Ausführung der Generatorscheibe und ihre Befestigung auf dem Wellenstumpf der Ankerwelle ist ebenfalls von Einfluß auf die Zuverlässigkeit des Antriebs und die Lebensdauer des Riemens. Abb. 26 zeigt eine Generator-Riemenscheibe aus geschweißtem Stahlblech mit Nabe aus Stahl. Die Riemenscheibe hat Konussitz. Vielfach werden auch Riemenscheiben aus Stahlguß angewendet. Der Laufflächen-Durchmesser der Generatorscheiben liegt bei 125, 160 oder 200 mm.

Die Konstruktion der Achs-Riemenscheibe der Deutschen Bundesbahn ist aus Abb. 27 ersichtlich. Dieselbe ist aus Stahlblech gefertigt und besitzt Einlegebuchsen aus Stahlguß. Die Achsriemenscheiben werden mit einem Laufflächen-Durchmesser von 400, 500 und 550 mm hergestellt. Damit

Abb. 27. Achs-Riemenscheibe.

kann jedes Übersetzungsverhältnis der Generatorscheibe zu der Achsriemenscheibe zwischen 2:1 und 4,4:1 gewählt werden.

Wenn zur Erlangung eines höheren Übersetzungsverhältnisses — z. B. bei Nebenbahnen mit geringerer Zuggeschwindigkeit — noch größere Achsriemenscheiben notwendig werden, können auch solche mit Durchmesser bis 650 mm zum Einbau kommen. Meist werden dann hölzerne Riemenscheiben angewendet.

Um das Anstreifen der Riemen an den Bordrändern der Riemenscheiben zu vermeiden, müssen die Mittellinien der Laufflächen der beiden Riemenscheiben in einer Flucht liegen. Ferner muß die Generatorwelle parallel zur Laufachse liegen. Oberhalb und unterhalb des Riemenlaufes muß ein freier Raum von mindestens 70 mm vorhanden sein, in den keine Bauteile des Wagens hineinragen dürfen.

In neuerer Zeit verwendet die Deutsche Bundesbahn vor allem zum Antrieb von Achsgeneratoren leichterer Bauart und geringerer

Leistung (Kleinlichtanlage s. S. 63) einen Spezialantriebsriemen (*Siegling*-Riemen), der sich durch hohe Festigkeit und Schmiegsamkeit besonders auszeichnet und für schnellaufende Generatoren bei hohem Übersetzungsverhältnis (7 : 1 bis 9 : 1) geeignet ist. Der *Siegling*-Riemen besteht aus einem Kunststoffband, auf welches in einem besonderen, patentamtlich geschützten Verfahren beiderseits ein dünner Chromlederbelag aufgebracht wird. Als Riemenschloß wird eine dem Verbinder nach Abb. 25 ähnliche Konstruktion verwendet, die entsprechend leichter gehalten ist.

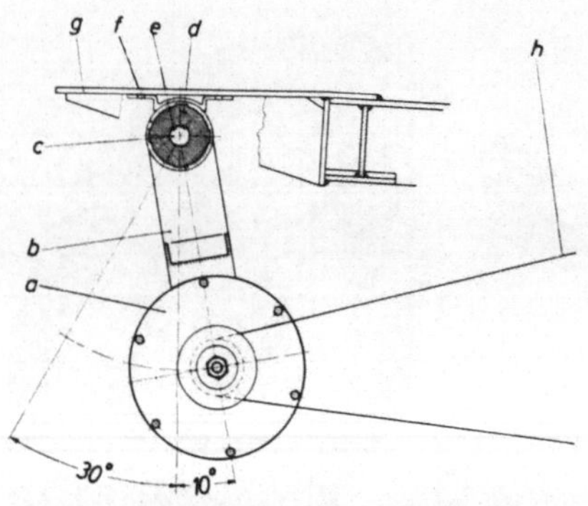

Abb. 28. Aufhänge- und Spannvorrichtung für schnellaufende Leichtbaugeneratoren.

Der Generator ist in einer vereinfachten Aufhänge- und Riemenspannvorrichtung am Drehgestell oder am Wagenuntergestell gelagert. Die Riemenvorspannung wird durch zwei oder mehrere Gummidrehfedern, die um den Generatoraufhängebolzen sitzen, bewirkt. Abb. 28 zeigt diese Generatoraufhängung am Drehgestell. In den Aufhängearmen *b* ist der Tragbolzen *c* des Generators *a* fest eingesetzt. An seinen Enden ist er in den Gummidrehfedern *d* gelagert und durch die Keile *e* mit ihnen verbunden. Jede Gummidrehfeder sitzt fest in dem Gehäuse *f*, das am Ausleger *g* des Drehgestells befestigt ist. Der Generator wird vom entspannten Zustand bis zur äußersten Betriebsstellung um 40° zur Laufachse geschwenkt. Hierdurch wird der Riemen *h* genügend vorgespannt.

Bei dem Antrieb von kleinen Lichtgeneratoren in der Größenordnung von etwa 500 bis 750 W hat sich an vielen tausend Anlagen dieser Riemenantrieb bisher gut bewährt. Neuerdings wendet die Deutsche Bundesbahn den gleichartigen Antrieb auch für schnellaufende Generatoren mit einer Leistung von etwa 1,5 bis 1,8 kW an. Es ist jedoch noch abzuwarten, ob sich diese Antriebsart auch bei Achsgeneratoren dieser und höherer Leistung durchsetzen wird.

Vor Jahren wurde auch der Keilriemen bei der Deutschen Bundesbahn und anderen Bahnen des In- und Auslandes in großem Umfang

eingeführt. Der Keilriemen hat gegenüber dem Flachriemen den besonderen Vorzug, daß er wenig zum Schlüpfen neigt. Daher kann er eine
noch größere Leistung übertragen, als dies beim Flachriemen möglich
ist. Im Gegensatz zum Flachriemen benötigt derselbe nur eine ganz
geringe Riemenvorspannung (etwa 25 bis 40 kg). Im Laufe einer mehr-
jährigen Betriebszeit hat sich jedoch gezeigt, daß der Gummikeilriemen
— vor allem, wenn er mit einem Verbindungsschloß ausgestattet werden
muß — den Unbilden der Witterung, besonders Schnee und Eis bei
einem strengen Winter weniger standhält als die Gummiflachriemen.

b) Wahl des Übersetzungsverhältnisses.

Bei allen von der Wagenachse aus angetriebenen Generatoren
ist die Wahl des günstigsten Übersetzungsverhältnisses von besonderer
Wichtigkeit. Bei der höchstmöglichen Zuggeschwindigkeit darf die
höchstzulässige Drehzahl des Generators, die auf dem Leistungsschild
vermerkt ist, nicht überschritten werden. Andernfalls besteht für die
mechanische Festigkeit der Konstruktionsteile und für die elektrische
Auslegung (Kommutator und Bürsten) die Gefahr einer Überlastung
und vorzeitigen Abnützung. Um aber auch eine möglichst gute Aus-
beute in Wh während der Fahrt zu erreichen, ist es wichtig, daß der
Achsgenerator schon bei niedriger Zuggeschwindigkeit auf seine Einschaltdrehzahl kommt. Darunter versteht man die Drehzahl, bei welcher der Generator durch den Selbstschalter mit der Batterie parallel
geschaltet wird. Von da ab setzt die Stromabgabe an die Batterie und
das Lampennetz ein. Der Drehzahlbereich des Achsgenerators erstreckt
sich also von der Einschaltdrehzahl bis zur Höchstdrehzahl.

Von Vorteil ist es auch, daß der Generator schon bei geringer Drehzahl
auf seine Nennleistung kommt. Diese nennt man die niedrigste Vollast-
Drehzahl. Bei den spannungsregelnden Systemen setzt von da ab die
Feldregelung ein, indem in den Erregerstromkreis selbsttätig ein veränderlicher Widerstand eingeschaltet wird. Dieser Regelvorgang wird
in dem folgenden Abschnitt (S. 66) näher beschrieben.

Das Übersetzungsverhältnis des Antriebs wird durch das Verhältnis
des Durchmessers der Achsriemenscheibe zu dem der Generatorriemenscheibe bestimmt. Die Umdrehungen n je Minute des Generators erhält
man aus der Formel, die im Anhang auf S. 165 angegeben ist. In dem
Diagramm Abb. 29 sind die gebräuchlichen Übersetzungsverhältnisse
eingetragen, so daß aus der Zuggeschwindigkeit v (km/h) die Drehzahl n

des Achsgenerators entnommen werden kann. Mit Hilfe dieses Dia-
gramms kann leicht das günstige Übersetzungsverhältnis für den Drehzahlbereich der verschiedenen Generatortypen ermittelt werden.

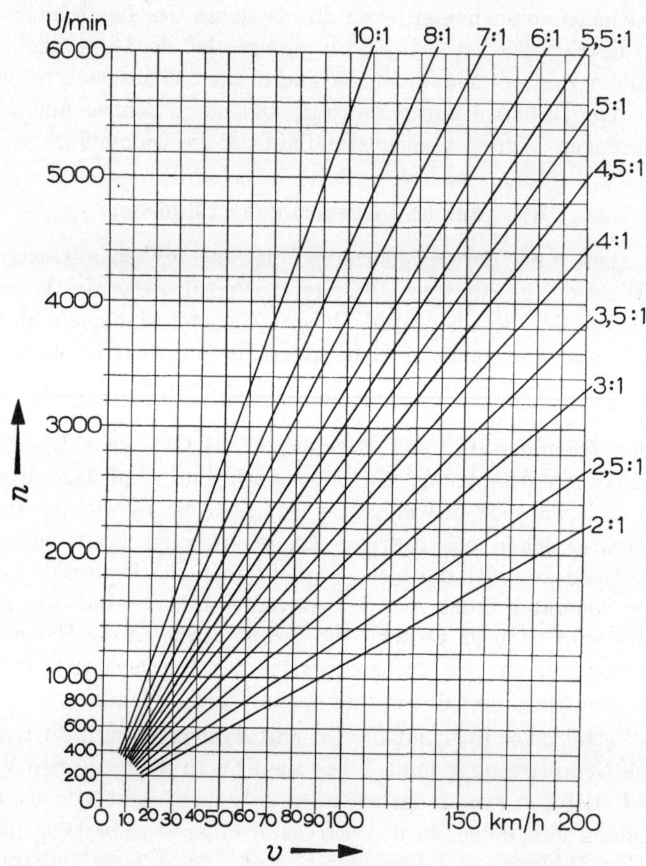

Abb. 29. Drehzahl-Kennlinien für verschiedene Übersetzungen.

c) Kardanantrieb.

Nachdem vor allem im Kraftfahrzeugbau ausgereifte Konstruktionen
von Zahn- und Kegelradgetrieben sowie Gelenkwellen zur Verfügung
stehen, ist es naheliegend, diese Teile auch für den Antrieb von Achsgeneratoren heranzuziehen. Zwei Arten von Kegelradantrieben mit

Gelenkwelle haben sich herausgebildet, nämlich der seitliche Achsbuchsantrieb und der Mittelkardanantrieb.

Der *seitliche Achsbuchsantrieb* besteht aus dem Achsbuchsgetriebe, das an dem Achsbuchsgehäuse angeschraubt ist. Abb. 30 zeigt das Achsbuchsgetriebe Bauart BBC. Bei diesem Antrieb wird das Getriebe mit dem Achszapfen durch eine an sich starre Kupplung verbunden, die aber so ausgebildet ist, daß sie die während der Fahrt auftretenden Lageveränderungen zwischen Wagenachse und Achslager sowie alle kleinen Montageungenauigkeiten aufnehmen kann. Die Abgangswelle des Getriebes und die Generatorwelle liegen zueinander parallel und

Abb. 30. Achsbuchsantrieb mit Kardangelenkwelle (Bauart BBC).

horizontal. Zwischen der Welle des kleinen Kegelrades und der Generatorwelle liegt die Gelenkwelle, welche an ihren Enden je ein kräftiges Kardangelenk besitzt. An der Gelenkwelle selbst ist eine teleskopartige Längenveränderung vorgesehen, damit die während der Fahrt auftretenden Bewegungen zwischen Achsbuchsgetriebe und Generator ausgeglichen werden können.

Das Achsbuchsgetriebe Bauart GEZ/SSW unterscheidet sich von obigem in einigen Punkten. Wie der Querschnitt des Getriebes (Abb. 31) zeigt, ist zwischen der Mitnehmerscheibe, welche in die Nut am Achszapfen eingepaßt ist, und dem großen Kegelrad ein elastischer Gummiring a eingebaut, von welchem die ruckartigen Bewegungen der Laufachse b aufgefangen und vom Getriebe ferngehalten werden. Kleine Ungenauigkeiten zwischen Achszapfen und Getriebewelle c werden ebenfalls durch

denselben ausgeglichen. Durch Labyrinthabschluß wird verhindert, daß
das Schmiermittel an den Gummiring gelangt, obwohl er von Fett und
Öl nicht angegriffen wird. Der Generator ist mit dem Achsbuchsgetriebe
durch eine kräftige Gelenkwelle verbunden, deren Kardangelenke Dauerschmierung besitzen (Abb. 32). Auch die teleskopartige Längenveränderung ist vorgesehen. Um den Beugungswinkel der Gelenke möglichst
klein zu halten, ist die Abgangswelle am Getriebe um 4° von der Horizontalen nach oben gerichtet. Auch der Generator wird in dieser Schräg-

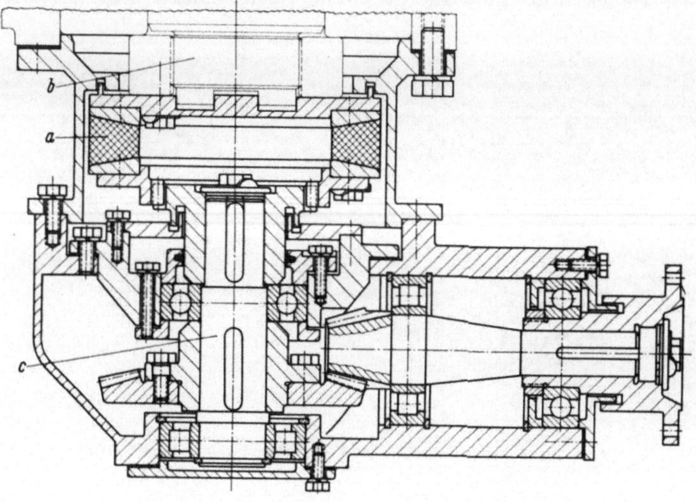

Abb. 31. Achsbuchsgetriebe (Bauart GEZ/SSW).

lage von 4° zur Horizontalen am Drehgestell angebracht. Das Übersetzungsverhältnis des Getriebes kann zwischen 3 : 1 bis 4 : 1 gewählt
werden.

Auch bei dem Kardanantrieb Bauart *Pintsch* ist zwischen Achs-
zapfen und Getriebe eine gummielastische Verbindung geschaltet. Die
Neigung von 4° zur Horizontalen ist für die Abgangswelle und den
Generator ebenfalls berücksichtigt.

Abweichend von den vorher aufgeführten Antrieben wird eine Welle
mit elastischen Gummigelenken vorgesehen. Beim seitlichen Anbau des
Generators an das Drehgestell kann dabei die teleskopartige Längenveränderung der Welle wegfallen, da diese geringe Abweichung von den

elastischen Gelenken aufgenommen wird. Das Übersetzungsverhältnis liegt normal bei 3,2 : 1.

Überall da, wo es die Drehgestell-Bauart zuläßt, wird der Generator seitlich an demselben angeordnet. Hierdurch erreicht man eine verhältnismäßig kurze Gelenkwelle. Auch die im Lauf vorkommenden Winkelabweichungen können kleingehalten werden. Die moderne Bauart des Generators, vor allem wenn er für höhere Drehzahlen ausgelegt wird,

Abb. 32. Achsbuchsantrieb mit Kardangelenkwelle (Bauart GEZ/SSW).

läßt es zu, daß Generatoren bis zu einer Leistung von 10 kW noch seitlich angebracht werden, indem für sie ein möglichst geringer Durchmesser und dafür eine größere Baulänge gewählt wird. Das neue Einheitsdrehgestell der Deutschen Bundesbahn (Bauart *Minden-Deutz*) hat Dämpferausleger, die zu beiden Seiten in der Mitte angeordnet sind und den Anbau des Generators verhindern. Dieselben können auch nach innen verlegt werden, so daß dann die Gelenkwelle ungehindert vorbeigeführt und der Generator seitlich angebaut werden kann. Die Deutsche Bundespost, ferner andere Bahngesellschaften, machen von dieser Anordnung Gebrauch.

Die Deutsche Bundesbahn hat, um von der normalen Konstruktion des Drehgestells nicht abgehen zu müssen, den Anbau des Achsgenerators am Wagenkasten gewählt. In Abb. 33 wird der Kardanantrieb Bau-

Abb. 33. Achsbuchsantrieb mit Gelenkwelle, Bauart *Pintsch*.
Generator am Wagenkasten aufgehängt.

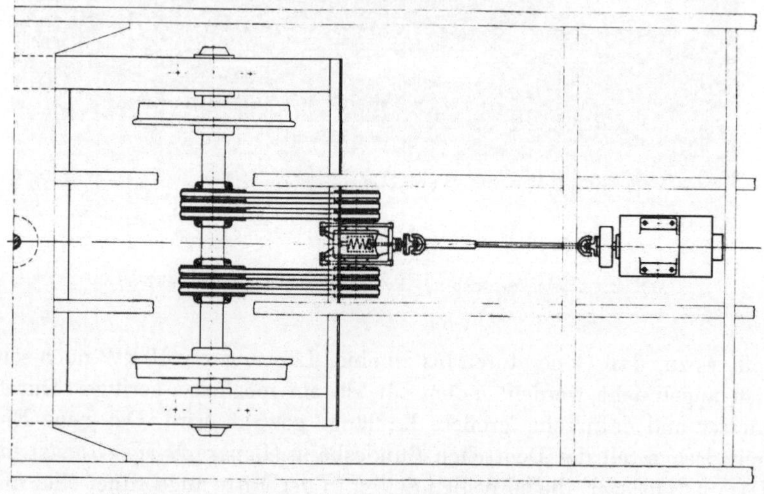

Abb. 34. Kegelradgetriebe mit Kardanwelle unter Zwischenschaltung
eines Mehrfachkeilriemenantriebs.

art *Pintsch* gezeigt. Bei dieser Anordnung jedoch müssen die beiden Gelenkwellen den größeren seitlichen Ausschwingungen des Drehgestells folgen, wodurch bedeutend größere Drehwinkel auftreten,

als dies bei dem seitlichen Anbau des Achsgenerators an das Drehgestell der Fall ist. Aber auch der teleskopartige Schaft an der Gelenk-

Abb. 35. Mittelkardanantrieb (Bauart *Spicer*)

welle hat die durch die Ausschläge des Drehgestells bedingten erheblichen
Längenänderungen der Gelenkwelle auszugleichen. Der Generator ist

4*

unter Zwischenschaltung eines Aufhängerahmens, der durch Gummi-
puffer abgefedert ist, am Wagenkasten angebracht.

Der Mittelkardan-Antrieb wird, vor allem in USA und England —
und zwar für Generatoren großer Leistung — angewendet. Es haben
sich zwei Antriebsarten herausgebildet. Bei der ersten (Abb. 34) wird
das am Querträger des Drehgestells sitzende Kegelradgetriebe zu beiden
Seiten mit je zwei oder drei Keilriemen von der Wagenachse aus angetrieben. Der Getriebekasten ist pendelnd an einem Ausleger aufgehängt,
der am Querträger des Drehgestells befestigt ist. Eine Druckfeder sorgt
für die nötige Riemenspannung. Eine längenveränderliche Kardanwelle
verbindet das Getriebe mit dem am Wagenuntergestell hängenden
Generator. Wenn auch durch Zwischenschaltung des Keilriemens eine
elastische Übertragung zwischen Wagenachse und Getriebe geschaffen
ist, so haften dieser Antriebsart alle Nachteile des Keilriemenantriebes
an, der auch hier allen Witterungseinflüssen unter dem Wagen ungeschützt ausgesetzt ist. Aus den schon vorher angeführten Gründen
können keine endlosen Keilriemen, sondern nur solche, deren Enden mit
einem Gelenkschloß verbunden sind, aufgelegt werden. An diesen Ver-
bindungsstellen besteht Gefahr des Riemenverlustes.

Die zweite Antriebsart vermeidet den Keilriemenantrieb als Zwischen-
glied und sieht ein Kegelradgetriebe vor, das zwischen einer elastischen
Gummipolsterung auf der unbearbeiteten Laufachse aufgespannt wird.
Abb. 35 zeigt den Antrieb Bauart *Spicer*. Eine längenveränderliche
Gelenkwelle führt von der Abgangswelle des Getriebes zur Welle des
Generators, der am Wagenkasten angebracht ist. Meist ist am Generator
auch noch eine Freilaufkupplung vorgesehen, wodurch eine harte Bean-
spruchung, die beim Rangieren des Wagens auftreten kann, von der
Generatorwelle ferngehalten wird. Wie auf S. 143 beschrieben, dient die
Freilaufkupplung dazu, den Generator beim Stillstand des Wagens vom
Achsantrieb abzukuppeln.

d) Tatzlagergenerator mit Stirnradantrieb.

Nicht nur in Amerika, sondern auch in Deutschland wird für große
Generatorleistungen mit Erfolg der Tatzlagergenerator angewendet. Auf
Abb. 36 wird der Tatzlagergenerator Bauart GEZ/SSW Type ZOG 181
mit 12 kW und Type ZOG 190 mit 20 kW bei 110/140 V Spannung
gezeigt. Das Gehäuse besitzt auf der einen Seite die Tatzenlager t_1 und
t_2 und auf der gegenüberliegenden Seite die Aufhängevorrichtung z.

Die beiden Tatzlager haben Lagerschalen aus Bronze mit Weißmetall-ausguß und einen gemeinsamen Lagerdeckel, welcher gleichzeitig zur Abdeckung der Laufflächen zwischen ihnen dient. Ein an dem Lager-deckel sitzender Arm stützt den Räderkasten s ab. Für die Schmierung der Tatzlager sind Schmierkissen vorgesehen, welche durch eine Feder gleichmäßig auf die Laufachse gedrückt werden. Für jedes Tatzlager ist eine ver-schließbare Ölnachfüllöffnung vorhanden.

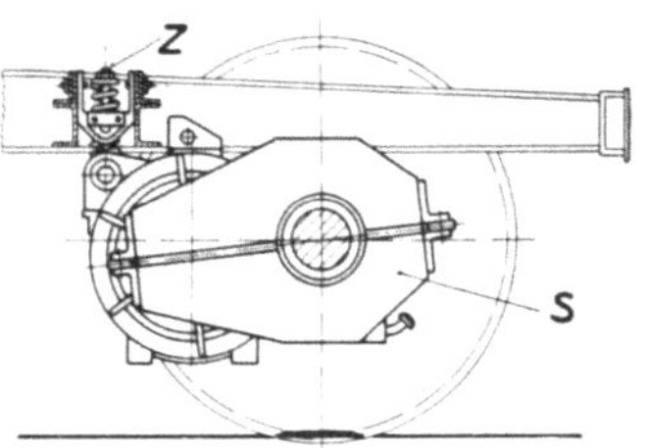

Der Generator wird an einem feder-abgestützten Bolzen aufgehängt, so daß sich unter Berücksichtigung der beiden Tatzlager eine Dreipunkt-Aufhängung ergibt.

Die Ankerwelle wird mittels Zahn-räder von der Laufachse des Wagens an-getrieben. Das große Zahnrad ist aus Stahlguß und zweiteilig ausgeführt. Es wird auf die Laufachse aufgespannt. Das kleine Rad ist ebenfalls aus Stahl-guß und hat Konussitz auf der Anker-welle. Die beiden Zahnräder sind mit einem Schutzkasten s umgeben und laufen in einem Ölbad. Der Generator ist eine Nebenschlußmaschine mit Wendepolen. Um bei Änderung des Drehsinns Strom gleicher Polarität zu erhalten, wird ein elektrischer Polwechsler, der auf S. 64 beschrieben und dargestellt ist, dem Reglergerät beigefügt.

Der Tatzlagergenerator ist bei der DB seit fast 20 Jahren auf Sonderwagen, wie Salonwagen, Meßwagen usw. in Betrieb. Er hat sich in das Drehgestell „Gör-litz III" gut unterbringen lassen.

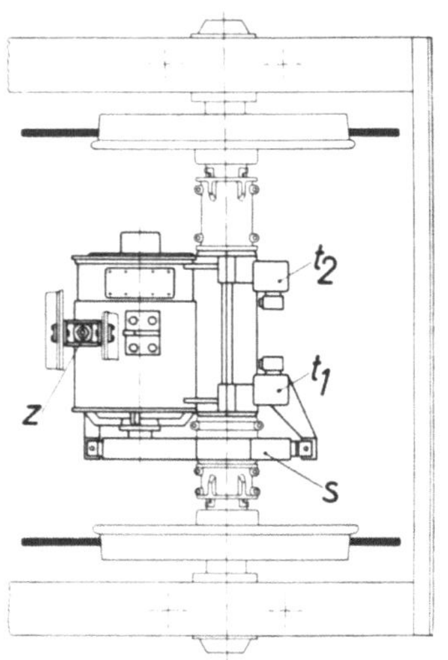

Abb. 36. Tatzlagergenerator (Bauart GEZ/SSW).

Auch für seinen Einbau in das neue Einheits-Drehgestell der DB (Bauart *Minden-Deutz*) bestehen keine Schwierigkeiten. Die Befürchtung, daß der halbe Gewichtsanteil des Generators, der ungefedert auf der Achse liegt, sich ungünstig für den Lauf des Drehgestelles oder für den Generator selbst auswirken könnte, hat sich in der langen Betriebszeit als unbegründet erwiesen.

Die unter c und d beschriebenen Getriebe gewährleisten einen von der Witterung und anderen äußeren Einflüssen unabhängigen und störungsfreien Antrieb des Achsgenerators.

2. Selbstregelnder Achsgenerator.

Da die Fertigung elektrischer Apparate um die Jahrhundertwende noch nicht so weit entwickelt war, wie dies in den letzten Jahrzehnten erreicht wurde, bestanden große Schwierigkeiten, einen selbsttätigen elektromechanischen Regler für die Feldregelung eines Nebenschlußgenerators zu bauen, der für die Verwendung auf Eisenbahnfahrzeugen geeignet und genügend betriebssicher war. Daher haben sich anfänglich die Konstrukteure mehr die Aufgabe gestellt, einen selbstregelnden Achsgenerator zu entwickeln.

Einer der ersten Achsgeneratoren war eine Nebenschlußmaschine mit einer zusätzlichen Hauptstromwicklung, deren Feld dem Nebenschlußfeld entgegenwirkte. Wenn mit steigender Drehzahl die Generatorspannung und damit der Generatorstrom ansteigt, wird das von ihm herrührende Gegenfeld immer stärker und wirkt schwächend auf das Feld der Nebenschlußwicklung, so daß trotz steigender Drehzahl die Leistung des Generators in den zulässigen Grenzen gehalten werden kann. Diese Regelung hat sich nicht als ausreichend erwiesen und ist in der Zwischenzeit vollkommen verlassen worden. Es bestand auch die Gefahr der Umpolung des Generators durch die Gegenwicklung.

Bei der ersten Bauart *Stone*, London, wird in einfacher Weise ein Nebenschluß-Generator angewendet, dessen Feldwicklung über einen festen Widerstand an die Ankerklemmen angeschlossen ist. Selbstverständlich würde die Spannung und Leistung des Achsgenerators bei Erhöhung seiner Drehzahl über die Nennwerte hinausgehen, wenn nicht die Vorspannung des Antriebsriemens so eingestellt wäre, daß derselbe bei Überschreiten der Vollast zu schlüpfen beginnt. Von da ab behält der Generator annähernd seine gleichbleibende elektrische Leistung, während die Zuggeschwindigkeit weiter ansteigen kann. Damit der Generator beim Wechsel des Drehsinns die Polarität beibehält, besitzt er einen mechanischen Polwechsler.

Die Aufhängung des Achsgenerators und die Riemenspannung geschieht in der Anordnung nach Abb. 20 auf S. 37. Diese Bauart *Stone*, mit der an sich einfachen Reglungsart, hat sich im Betrieb gut bewährt und ist in vielen englischen Dominien und überseeischen

Ländern im Gebrauch. Der Riemenverschleiß ist wohl größer als bei Achsgeneratoren, die mit einem nichtschlüpfenden Riemen arbeiten. Damit die Lampen nicht mit Überspannung belastet werden, ist eine Doppelbatterie in der Weise vorgesehen, daß bei Lichtbetrieb die eine Batterie aufgeladen wird und die zweite Batterie das Beleuchtungsnetz speist.

Später kam mehr die Drei-Bürsten-Maschine als selbstregelnder Achsgenerator in Anwendung, so bei der zweiten Bauart „*Stone*“, die bei dem Ein- und Zwei-Batterie-System eingesetzt wird.

Die Dreibürstenmaschine besitzt zwei Hauptbürstenpaare, von denen der Nutzstrom abgenommen wird. Zwischen diesen ist in einem bestimmten Winkel die dritte Bürste gesetzt, an welche das eine Ende der Feldwicklung angeschlossen ist. Mit steigender Drehzahl wird der Feldstrom infolge der Ankerrückwirkung geschwächt, so daß der Generator einen Strom liefert, der bei mittlerer Drehzahl seinen Höchstwert erreicht und mit weiterem Steigen der Drehzahl wieder abnimmt. Die neuere Bauart *Stone*, welche auf Seite 69 beschrieben ist, hat einen Nebenschlußgenerator und einen Kohlefeldregler.

Gute Aussicht auf allgemeine Einführung bei der Zugbeleuchtung bot der 1904 von *Rosenberg* und der AEG herausgebrachte selbstregelnde Querfeldgenerator. Derselbe erfüllt nämlich in einfachem Aufbau die Betriebsbedingungen, die der Achsantrieb stellt, d. i. Stromabgabe gleicher Polarität trotz wechselndem Drehsinn und konstanter Stromstärke innerhalb eines großen Drehzahlbereiches. Da der Querfeldgenerator nach ROSENBERG auch heute noch in der Zugbeleuchtung eine Rolle spielt, soll derselbe hier eingehend beschrieben werden.

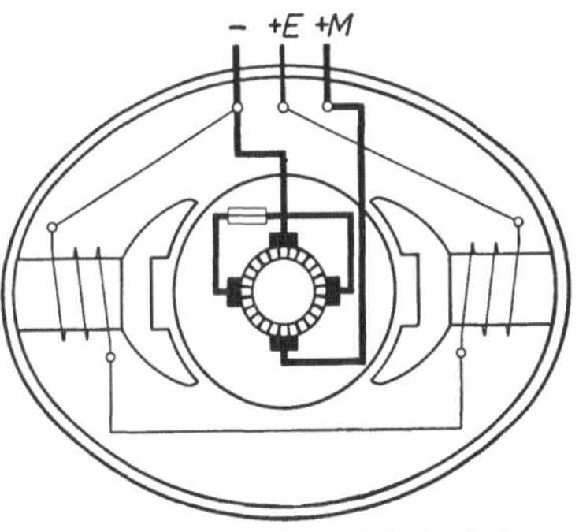

Abb. 37. Querfeldgenerator-Prinzipschaltung.

Der Querfeldgenerator ist zweipolig. Der Anker besitzt eine normale Schablonenwicklung. Auf dem Kommutator schleifen zwei im rechten Winkel zueinander stehende Bürstenpaare. Das eine Bürstenpaar ist kurzgeschlossen und führt den Kurzschlußstrom, der die selbsttätige Regelung des Generators bewirkt. Das andere Bürstenpaar gibt den Nutzstrom ab (Abb. 37).

Das Haupt- oder Steuerfeld, das vom Erregerstrom hervorgerufen
wird, ist von unten nach oben gerichtet und erzeugt den Kurzschlußstrom (Abb. 38a). Bei einer Drehung des Ankers im Sinne des Uhrzeigers bringen die den Kurzschlußstrom führenden Ankerleiter ein
zweites Magnetfeld hervor, das sich von links nach rechts, also quer zur
Richtung des ursprünglichen Feldes, ausbildet und daher Querfeld genannt wird (Abb. 38 b). Durch den Umlauf des Ankers in diesem

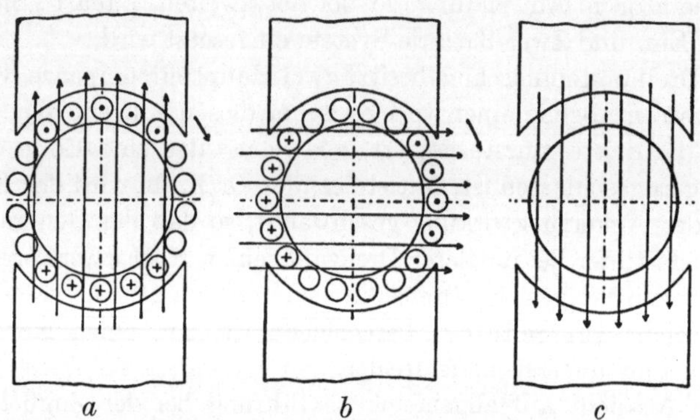

a   b   c

Abb. 38. Darstellung der im Querfeldgenerator auftretenden Felder.

zweiten Feld, dem Querfeld, wird der Nutzstrom erzeugt, der in den
Leitern der rechten Ankerhälfte nach vorn, in den Leitern der linken
Ankerhälfte nach rückwärts verläuft und von den Nutzbürsten abgenommen wird . Dreht sich der Anker dem Sinne des Uhrzeigers entgegengesetzt, so kehrt sich auch das zweite Feld um. Der Nutzstrom, der
vom zweiten Feld erzeugt und von den Nutzbürsten abgenommen wird,
behält seine Polarität bei, da sowohl das erzeugende Feld als auch der
Drehsinn des Ankers ihre Richtung ändern.

Der Querfeldgenerator gibt also bei Rechts- oder Linkslauf Strom
gleicher Polarität ab.

Das dritte Feld (Ankerfeld), das vom Nutzstrom herrührt und gleich
diesem stets seine Richtung beibehält, wirkt dem Steuerfeld entgegen
(Abb.38c). Der Unterschied beider Felder ergibt den Arbeitskraftfluß, der
für die Größe des zweiten Feldes und für die Stärke des Nutzstromes maßgebend ist. Hierauf beruht die Regelung des Generators. Wenn nämlich
durch irgendeine äußere Ursache (z. B. steigende Drehzahl) der Nutzstrom ansteigen will, wird das dritte Feld stärker, das wirksame zweite
Feld dagegen schwächer, und dadurch sinkt die den Nutzstrom hervor-

bringende elektromotorische Kraft derart, daß der Nutzstrom unverändert bleibt. Wenn umgekehrt der Nutzstrom (z. B. infolge sinkender Drehzahl) das Bestreben hat abzunehmen, wird damit auch das dritte Feld geschwächt, das zweite Feld verstärkt und so die den Nutzstrom erzeugende elektromotorische Kraft erhöht.

Bei richtiger Bemessung des Generators ist der Arbeitskraftfluß klein gegenüber dem Steuerfeld. Infolgedessen ist das Steuerfeld bestimmend für Größe und Richtung des Nutzstromes, jedoch unabhängig von dem Drehsinn und der Drehzahl des Generators.

Der Querfeldgenerator regelt sich also von einer bestimmten Drehzahl an selbsttätig auf gleichbleibende Stromstärke.

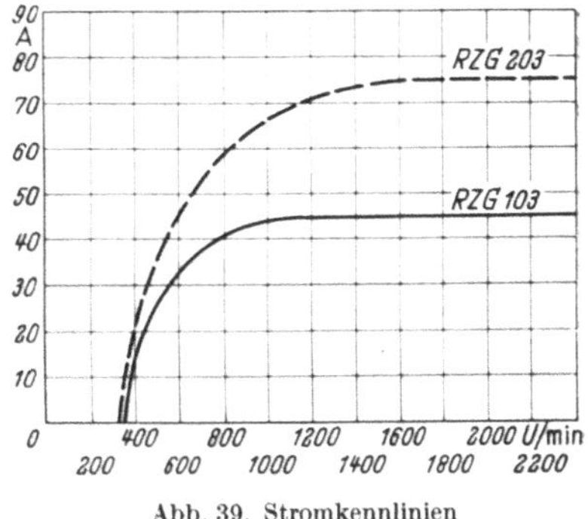

Abb. 39. Stromkennlinien des Querfeldgenerators.

Die Kennlinien der neuzeitlichen Querfeldgeneratoren (Type RZG 203 und RZG 103) sind in Abb. 39 wiedergegeben. Das Gewicht derselben ist im Gegensatz zu den früheren Typen beträchtlich geringer geworden und liegt nur um ca. 20% höher als das eines Nebenschlußgenerators mit gleichem Drehzahlbereich. Der Querfeldgenerator Type RZG 203 ist auf Abb. 40 dargestellt. Seine technischen Daten sind im Anhang S. 162 enthalten.

Der Querfeldgenerator und der Apparate- und Schaltkasten (Type QAS) bilden zusammen die stromregelnde Bau-

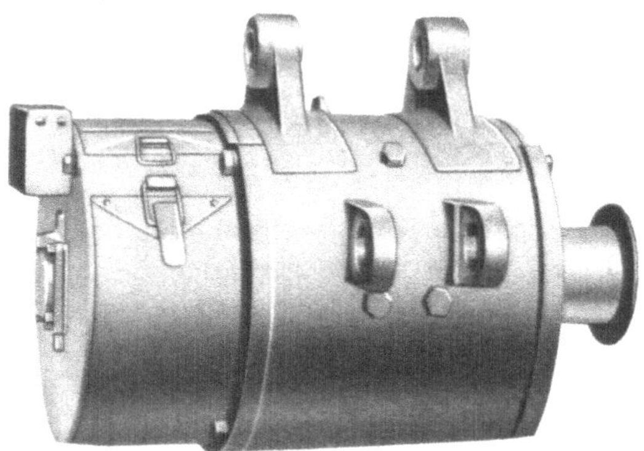

Abb. 40. Querfeldgenerator Type RZG 203 (Bauart GEZ).

art GEZ. Das Gerät stellt die Vereinigung des früher angewendeten Apparateschrankes Type QS und der Stromverteilungstafel dar und enthält den Selbstschalter a und den Ladebegrenzer b mit den dazugehörigen Einstell- und Vorwiderständen, ferner den Lichthauptschalter, die Generator- und Feldsicherungen, die Batterie- und Stromkreissicherungen. Aus dem Schaltbild (Abb. 41) ist die Arbeitsweise dieser Bauart zu ersehen. Der Selbstschalter a verbindet bei Anfahrt des Zuges den Generator mit der Batterie. Wenn beim Halten des Zuges der Generator zum Stillstand gekommen ist, setzt ein kleiner Rückstrom von der Batterie zum Generator ein und bewirkt, daß der Schalter den Generator von der Batterie abschaltet. Durch den Ruhekontakt des Selbstschalters wird der Widerstand LW vor dem Lampennetz L bei Batterieentladung im Stillstand überbrückt. Bei Ladung dagegen bzw. bei Fahrt liegt dieser Widerstand vor dem Lampennetz, wodurch die Lampenspannung gegenüber der Batterieladespannung vermindert wird. Bei vollgeladener Batterie wird die Generatorleistung durch den Ladebegrenzer b vermindert, indem er Hilfswiderstände in den Erregerstromkreis des Generators legt. Bei Tagfahrt wird der Widerstand H_1 in den Erreger-

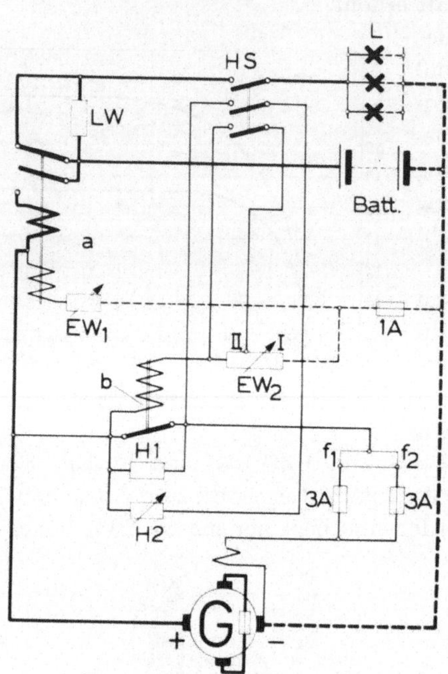

Abb. 41. Schaltbild der stromregelnden (Bauart GEZ).

stromkreis eingeschaltet. Wenn der Ladebegrenzer anspricht, liefert der Generator nur einen ganz geringen Strom in die Batterie. Bei Lichtbetrieb wird zwangsläufig mit dem Lichthauptschalter HS der Widerstand H_2 zu H_1 parallel gelegt. Der Generator liefert dann etwa den vollen Beleuchtungsstrom, so daß ebenfalls in die Batterie kein Ladestrom mehr fließt. An dem Einstellwiderstand EW_2 wird der Ladebegrenzer auf seine Ansprechwerte für Tagfahrt und Lichtbetrieb eingestellt. Der Teilwiderstand I ist vorgeschaltet, wenn der Lichthauptschalter eingeschaltet ist. Der ganze Widerstand (I und II) ist vorgeschaltet, wenn der Lichthauptschalter auf „aus" steht. Bei Lichtbetrieb spricht der Ladebegrenzer bei 27,5 V, bei Tagfahrt bei 30,5 V an. Die Glasrohrsicherungen 1A und 2×3A schützen den Generator und die Anlage vor einer Überspannung, falls irgendwelche Störungen in der Anlage — wie z. B. Leitungsunterbrechungen zwischen Generator und Batterie — eintreten sollten. Der Nennstrom des Querfeldgenerators wird an den beiden parallel geschalteten Feldwiderständen f_1 und f_2 eingestellt. Durch Herausnehmen einer Sicherung (3 A) kann der Generatorstrom auf etwa $^2/_3$ gesenkt werden.

Die stromregelnde Bauart GEZ mit dem Querfeldgenerator ist heute noch auf vielen Bahnen in Deutschland und im Ausland im Betrieb. Dabei wird für Nebenbahnen die durchgehende Zugbeleuchtung bevorzugt. Der Achsgenerator und die Batterie sind meist im Packwagen untergebracht. Über eine durchgehende Kupplungsleitung wird der Strom auf das Lampennetz der einzelnen Personenwagen verteilt. Als Konstantstrommaschine kann der Querfeldgenerator nicht überlastet werden, auch wenn der Bedarf an Beleuchtungsstrom über das normale Maß steigt. Daher können bei der durchgehenden Zugbeleuchtung vorübergehend — wenn starker Personenverkehr an den Festtagen und am Wochenende herrscht — weit mehr als die normale Anzahl Personenwagen von der Stromquelle gespeist werden. Die Batterie, die in diesem Falle den Mehrverbrauch deckt, wird an den darauffolgenden Werktagen wieder aufgeladen. Es ist auch möglich, zwei oder mehr Zuglichtanlagen mit Querfeldgeneratoren im Zugverband beliebig parallel zu schalten.

Die geringe Zuggeschwindigkeit auf Neben- und Kleinbahnen bedeutet keine Schwierigkeit, da der Drehzahlbereich, innerhalb welchem der Querfeldgenerator Strom abgibt, zwischen 350 bis 2400 UpM liegt. Bei geeigneter Wahl des Übersetzungsverhältnisses des Achsantriebs beginnt der Generator schon bei einer Zuggeschwindigkeit von 12 bis 15 km/h Strom abzugeben.

Für Lieferung an Übersee-Länder ist die stromregelnde Bauart GEZ mit dem Querfeldgenerator auch nach dem 2-Batterie-System umgestaltet worden, das nach folgendem Schaltturnus arbeitet. Bei eingeschaltetem Lichthauptschalter liegt eine Batterie unmittelbar am Generator und erhält hohen Ladestrom. Die zweite Batterie aber liegt am Lampennetz. Über den Lampenwiderstand fließt vom Generator der Lampenstrom und ein kleiner Ladestrom zur zweiten Batterie, so daß dieselbe auf niedrige Ladespannung gehalten wird. Wenn der Zug hält, werden beide Batterien parallelgeschaltet. Wenn der Zug wieder anfährt, wird die Schaltung der beiden Batterien gewechselt. Bei Tagfahrt liegen beide Batterien parallel am Generator. Für diese Steuerung sind im Schaltkasten zwei Schütze, ein Wenderelais und ein Ein- und

Ausschaltrelais untergebracht. Der Ladebegrenzer verhindert eine Überladung der Batterien.

Das Zuglichtsystem *Mather & Platt*, Manchester, welches in ähnlicher Weise mit zwei Batterien arbeitet, besitzt ebenfalls den selbstregelnden Querfeldgenerator nach *Rosenberg*. Dieses System wird
auch mit einer Batterie ausgeführt.

3. Achsgenerator mit elektromechanischem Feldregler.

Die in der Zwischenzeit gemachten Fortschritte im Apparatebau
haben dazu geführt, daß Reglergeräte auch für Zugbeleuchtung herausgebracht wurden, die mit hoher und gleichbleibender Genauigkeit

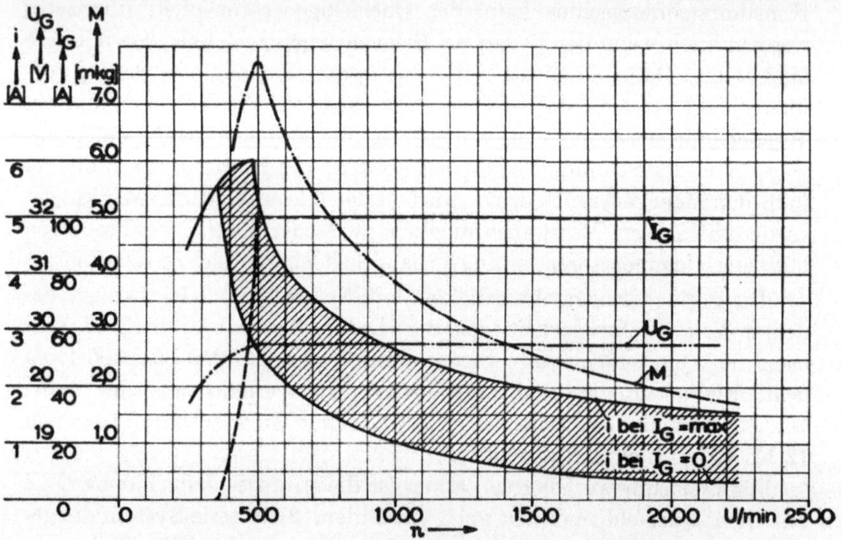

Abb. 42. Kennlinien des Nebenschlußgenerators (Type Dg 100).

arbeiten und sich als betriebssicher und brauchbar für den rauhen
Eisenbahnbetrieb erweisen. In überwiegendem Maße handelt es sich
hierbei um elektromechanische Regler, die veränderlichen Widerstand
in den Feldstromkreis einer Nebenschlußmaschine legen, so daß mit
steigender Drehzahl der Erregerstrom vermindert und mit fallender
Drehzahl erhöht wird. In Abb. 42 sind die Kennlinien eines Generators
wiedergegeben, dessen Spannung U_G und Strom I_G von der niedrigsten
Vollastdrehzahl bis zum Erreichen der höchsten Drehzahl (n) konstant

gehalten wird. Die Kurve i zeigt die Änderung des Feldstromes, welche durch den Feldregler gesteuert werden muß. Die Kurve M zeigt das Drehmoment an der Generatorwelle in Abhängigkeit von der Drehzahl.

Der Achsgenerator der spannungsregelnden Bauart ist ein Gleichstrom-Nebenschluß-Generator. Er ist 4- oder 6polig. Der Anker trägt entweder eine Schablonenwicklung oder eine Spezialwicklung, welche in Nuten eingebettet ist, ferner einen Kommutator. Zur Abnahme des Stromes dienen meist vier oder sechs Bürsten, welche im Winkel zu

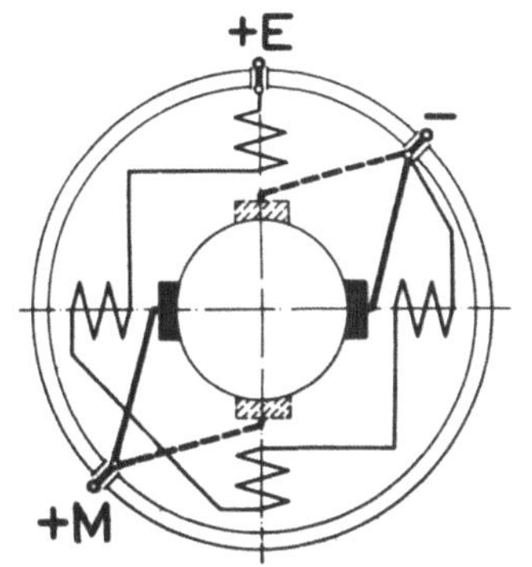

Abb. 43. Prinzip des Nebenschlußgenerators.

Abb. 44. Achsgenerator Dp I und Dg 100.

90 bzw. 60° zueinander versetzt sind und deren Träger drehbar gelagert ist (Abb. 43). Bei Umkehr des Drehsinns des Ankers werden die Bürsten von Kommutator bis zu einem Anschlag mitgenommen, daher gerade um eine Polteilung versetzt. Infolgedessen gibt der Generator trotz Wechsel der Fahrtrichtung stets Strom von gleicher Polarität ab. Die Kohlebürsten haben in ihren Haltern eine passende Führung für den Rechts- und Linkslauf. Ein praktisch funkenfreies Arbeiten in beiden Drehrichtungen, und zwar innerhalb des Drehzahlbereiches und von Leerlauf bis Vollast muß gewährleistet sein. Der Generator ist mit Rollenlager oder Kugellager für Dauerschmierung ausgerüstet. Das Gehäuse ist vollkommen geschlossen. Abb. 44 zeigt die Generatortype Dp 1, welche bei der Deutschen Bundesbahn und auch im Ausland zu vielen Tausenden in Betrieb ist. Das kommutatorseitige Lagerschild ist durch einen abnehmbaren Schutzmantel aus Stahlblech staub- und spritzwasserdicht abgedeckt. Aus dieser Type sind verstärkte Generatortypen weiterentwickelt worden, wie z. B. die Type Dg 100

der GEZ, welche trotz erhöhter Leistung die gleichen Abmessungen und das gleiche Gewicht aufweist. Der Anker trägt eine Schablonenwicklung mit austauschbaren Spulen (s. Anhang S. 162).

Der Achsgenerator läßt sich bis zu einer Leistung von 5 kW als frei kommutierende Maschine bauen. Daher kann der drehbare Bürstenträger, wie oben beschrieben, angewendet werden, um bei wechselndem Drehsinn gleiche Polarität zu erreichen.

Achsgeneratoren bis zu 4,5 kW Leistung können für die normale Spannung von 24 V für Zugbeleuchtung ohne Schwierigkeit gebaut werden, wobei dieselben für einen Nennstrom von 150 A ausgelegt sind. Der Antrieb erfolgt in der Regel mittels Achsbuchsgetriebe und Gelenkwelle (s. Anhang S. 162). Auch der Riemenantrieb ist noch bedingt anwendbar.

Die Spannung für die Zugbeleuchtung ist in Europa überwiegend 24 V (vereinzelt 36 V), in USA 32 V, in Rußland 52 V. Diese niedrige Spannung hat an sich den Vorteil, daß die Akkumulatorenbatterie eine geringe Zellenzahl hat, wobei infolge der höheren Kapazität die Zellengefäße entsprechend groß ausfallen. Die Bedienung einer solchen Batterie ist wesentlich einfacher und leichter, als die einer Batterie mit großer Zellenzahl und entsprechend kleineren Zellengefäßen, deren Füllöffnungen auch klein gehalten sind.

Bei einer niedrigeren Spannung spielt selbstverständlich der Spannungsabfall in der Leitung und an den Kontaktstellen eine maßgebende Rolle. Um bei hoher Leistung (5 bis 25 kW) nicht zu starke Leitungsquerschnitte anwenden zu müssen, ist man daher gezwungen, auf eine höhere Spannung überzugehen. Im Ausland hat sich die Spannung 64, 72 und 110 V eingeführt. Die Deutsche Bundesbahn hat entschieden, außer der normalen Spannung von 24 V nur noch die Spannung 110 V für Achsgenerator und Batterie zuzulassen.

Damit der Achsgenerator über 5 kW über seinen ganzen Drehzahlbereich und bei den verschiedenen Belastungen zwischen Leerlauf und Vollast praktisch funkenfrei kommutiert, ferner um die Größe und das Gewicht desselben möglichst niedrig zu halten, ist es unerläßlich, Wendepole vorzusehen. Dies bedingt aber auch die Anordnung eines selbsttätigen Polwechslers, damit der Generator gleiche Polarität bei wechselndem Drehsinn beibehält.

Der Polwechsler ist eine Vorrichtung, welche bei Umkehr des Drehsinns die Pole des Ankers (AH) vertauscht. Die Stromrichtung in der Nebenschlußwicklung CD muß jedoch gleichbleiben. Sie muß an den Ausgangsklemmen des Polwechslers angelegt werden. Das Umlegen der Schaltkontakte geschieht entweder mit mechanischen Mitteln oder durch rein elektrische Betätigung. Daher unterscheidet man den mechanischen und den elektrischen Polwechsler. Verschiedene Arten von mechanischen Polwechslern sind in Anwendung. Durch ein auf den Drehsinn des Generators ansprechendes Steuerglied, wie Fliehkraftgewichte oder Reibklötze, welche auf einer auf der Ankerwelle sitzenden Reibscheibe schleifen, wird der nachgeschaltete Klinken-

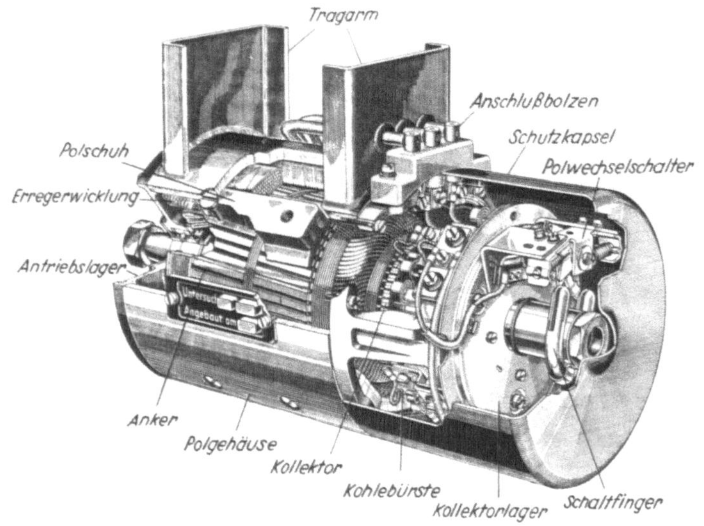

Abb. 45. Achsgenerator D 62 (Bauart *Bosch*).

mechanismus gesteuert, der die Umschaltkontakte betätigt. Der mechanische Polwechsler muß mit dem Achsgenerator baulich vereinigt sein. Die schnellaufenden Generatoren Bauart *Bosch* Type D 25 und D 62 (s. Anhang S. 162) besitzen, obwohl sie freikommutierend sind, einen mechanischen Polwechsler, der aus Abb. 45 zu ersehen ist. Dieser Polwechsler besteht aus einem Kippschalter (Polwechselschalter), der durch zwei axial versetzte Hebel betätigt wird und aus einem U-förmig gebogenen Rohr, das auf der Ankerwelle schräg aufgesetzt ist. In dem Rohr laufen einige Stahlkugeln, welche bei Änderung des Drehsinns von einem nach dem anderen Ende des Rohres rollen. Die Enden des Rohres sind geschlitzt und bilden die Schaltfinger. Zwischen den Schlitzen bewegt sich der flache Hebel, der den Kippschalter umlegt, sobald die Kugeln sich an dem zugekehrten Ende des Rohres befinden. Dadurch werden die Ankerableitungen umgepolt. Nach der vollkommenen Umschaltung bleibt der Hebel außer Eingriff. Bei Änderung des Drehsinns aber laufen die Kugeln nach dem anderen Ende des Rohres und stellen den Hebel nach der entgegengesetzten Richtung um, wodurch der Kippschalter wieder zurückgestellt wird.

Der elektrische Polwechsler kann unabhängig vom Achsgenerator an einer beliebigen Stelle in oder unter dem Wagen angebracht werden. Zweckmäßig wird er im Schaltschrank zusammen mit dem Reglergerät eingebaut. Er ist auch für jede Generatortype geeignet. Nachstehend

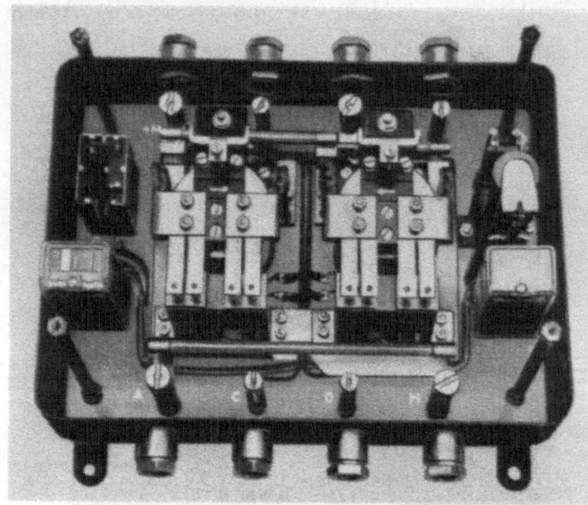

Abb. 46. Elektrischer Polwechsler (Bauart GEZ).

wird der elektrische Polwechsler der Bauart GEZ beschrieben, der für Generatoren bis 25 kW bei 110/140 V geeignet ist (Abb. 46).

Der elektrische Polwechsler ist in einem staub- und spritzwasserdichten Gehäuse eingebaut und besitzt zwei Schütze (S_1 und S_2), zwei polarisierte Relais (P_1, P_2) und 1 Überspannungsrelais (T). Seine Schaltung geht aus Abb. 47 hervor.

Beim Anlauf erzeugt der Generator eine Remanenzspannung, die unterhalb der Einschaltdrehzahl auf 1,5 bis 3 V ansteigt. An den Klemmen A und H des Ankers liegen die Betätigungswicklungen der beiden polarisierten Relais. Je nach der Polarität des Ankers spricht das Relais P_1 oder P_2 an und legt die Wicklung m_1 oder m_2 der beiden Schütze S_1, S_2 an die Batteriespannung ($+B$). Dasjenige Schütz, dessen Wicklung an die Batteriespannung gelegt ist, verbindet in richtiger Polarität die Ankerklemmen A und H mit den Klemmen $+M$ und $-$. Sobald dieses Schütz eingeschaltet hat, wird auch die Feldwicklung des Generators CD mit richtiger Polarität an die Ankerklemmen gelegt, so daß der Generator

Eigenerregung erhält und seine Spannung schnell ansteigt. Die Spannungswicklung der beiden polarisierten Relais P_1 und P_2 ist so bemessen, daß sie eine Spannung bis 25 V dauernd vertragen kann.

Das Überspannungsrelais T spricht bei einer Spannung von 15 bis 20 V an und legt den Vorwiderstand r vor die Spannungswicklungen m_1, m_2 der beiden polarisierten Relais. Dadurch werden diese vor Überlastung geschützt, auch wenn die Spannung des Generators bis 150 V ansteigt. Sobald der Generator die Batteriespannung erreicht hat, schaltet in üblicher Weise der Selbstschalter im Reglergerät ein.

Wenn sich die Drehzahl des Generators beim Halten des Zuges vermindert und die Generatorspannung so weit gesunken ist, daß das Überspannungsrelais T seine Kontakte schließt, bleibt das polarisierte Relais so lange angezogen, bis die Generatorspannung unter 2 V gesunken ist. Dann gehen auch das polarisierte Relais, das in Tätigkeit war, und das zugehörige Schütz S_1 oder S_2 in die Ruhestellung. Beim Wechsel der Drehrichtung erzeugt der Generator eine freie Remanenzspannung mit umgekehrter

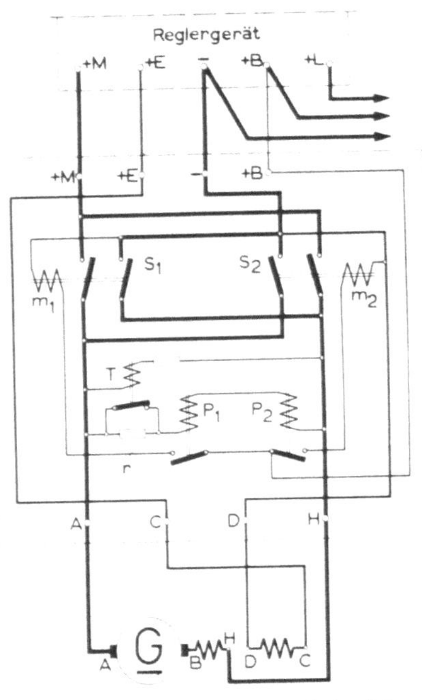

Abb. 47. Schaltbild des elektrischen Polwechslers (Bauart GEZ).

Polarität. Daher bringt das zweite polarisierte Relais das zugehörige Schütz zum Einschalten. Im übrigen spielt sich der Vorgang in gleicher Weise ab.

Die Schütze und Relais des elektrischen Polwechslers schalten in einem Arbeitsbereich, in welchem der Generator noch leer läuft und praktisch keine Spannung aufweist, so daß Funken an den Hauptkontakten nicht auftreten. Die Schütze sprechen noch bei halber Nennspannung der Batterie an, so daß auch bei einer tiefentladenen Batterie die Zuglichtanlage betriebssicher zum Einsatz gelangt.

Gegenüber dem mechanischen Polwechsler hat der elektrische Polwechsler den Vorteil, daß seine Funktion von dem mechanischen Antrieb des Generators unabhängig ist. Eine elektrische Störung an diesem Gerät verursacht lediglich ein Ausfallen der elektrischen Leistung des Generators, zieht aber weitere Beschädigungen mechanischer oder elektrischer Art am Generator nicht nach sich.

C. Reglergerät.

Das Reglergerät für eine Zugbeleuchtungsanlage, deren Achsgenerator eine Nebenschlußmaschine ist, enthält im wesentlichen den Selbstschalter und den selbsttätigen Feldregler. Bei manchen Systemen ist für die Regelung der Lampenspannung noch ein Netzregler in dem Gerät eingebaut oder ihm beigefügt.

Der Selbstschalter hat die Aufgabe, den Achsgenerator bei Anfahrt des Zuges auf die Batterie zu schalten, damit dieselbe Ladestrom von ihm erhält. Beim Halten des Zuges muß der Achsgenerator von der Batterie wieder getrennt werden, da sonst ein kurzschlußartiger Rückstrom zum Generator fließen würde, wenn derselbe zum Stillstand kommt. Fast bei allen heutigen Zuglichtsystemen wird diese Aufgabe durch einen elektromechanischen Schalter bewerkstelligt, der auf einen ganz geringen Rückstrom anspricht und seine Kontakte öffnet. Selbsttätige Ein- und Ausschalter, die mechanisch mit dem Achsgenerator gekuppelt sind und durch einen Fliehkraftregler betätigt werden, wendet man nicht mehr an.

Der Feldregler hat die Aufgabe, einerseits die Spannung und Leistung des Nebenschluß-Generators trotz Änderung der Zuggeschwindigkeit in den zulässigen Grenzen zu halten, andererseits die Stromabgabe dem Ladezustand der Batterie und dem Lampenstromverbrauch anzupassen.

Als Feldregler wird bei den verschiedenen Bauarten der Kohleregler, Stufenkontaktregler oder Schwingkontaktregler (nach dem Tirrill-Prinzip) angewendet.

Die namhaften Systeme, die in den verschiedenen Ländern eine allgemeine Anwendung gefunden haben, sollen beschrieben werden.

1. Der Kohleregler.

Der Kohleregler wird bei vielen Zugbeleuchtungssystemen angewendet, und zwar nicht nur als Feldregler, sondern auch als Lampenregler.

Der Regelvorgang desselben beruht darauf, daß der Übergangswiderstand von aufeinanderliegenden Kohleplatten sich mit dem Berührungsdruck nach einem bestimmten Verhältnis ändert. Der Kohleregler besteht im wesentlichen aus einer Kohlesäule mit vielen dünnen Kohlescheiben oder -ringen, welche über einen Hebelmechanismus durch Federkraft zusammengedrückt wird. Die Kohlesäule hat somit den kleinsten elektrischen Widerstand. Der Federkraft wirkt jedoch die Kraft eines Elektromagneten entgegen, so daß der Druck auf die Kohlesäule abnimmt und damit ihr Widerstand ansteigt. Wenn durch die magnetische Gegenkraft die Kohlesäule ganz entlastet ist, erreicht ihr Widerstand den Höchstwert.

Die Bauart *Safety* (der *Safety* car heating and lighting Company, New York), benutzt für die Regelung seit jeher den Kohleregler (s. Abb. 48). Der Generator ist eine Nebenschlußmaschine. Das Reglergerät besteht aus drei Einheiten: dem Kohlefeldregler, dem Selbstschalter und dem Kohlelampenregler. Der Kohlefeldregler besitzt eine oder mehrere Kohlesäulen C, welche in Reihe mit der Feldwicklung F des Generators geschaltet sind. Über ein Hebelsystem wird die Kohlesäule durch die Spannung einer Zugfeder zusammengedrückt. Sobald der Generator den Nennstrom erreicht hat, wird die Kohlesäule durch

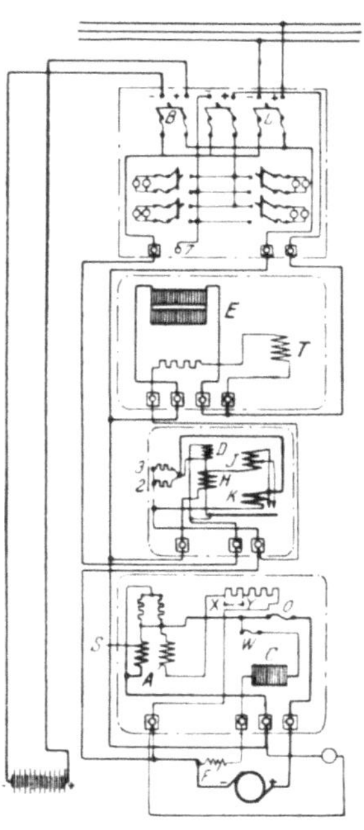

Abb. 48. Schaltbild der Bauart *Safety*.

den Elektromagneten, der die Stromspule S trägt, entlastet, so daß der Generator von da ab auf konstanten Strom geregelt wird. Wenn die Spannung auf einen Wert gestiegen ist, bei welchem die Gasentwicklung der Batterie beginnt, wirkt der Elektromagnet mit der Spannungswicklung A über ein zweites Hebelsystem auf die Kohlesäule C entlastend ein. Von da ab wird der Generator auf konstante Spannung geregelt, so daß der Ladestrom allmählich auf einen unschädlichen Restwert abfällt. Durch dieses doppelte Magnetsystem, das sowohl strom- wie spannungsregelnd wirkt, wird eine beschleunigte Aufladung der Batterie erreicht. Das Regelsystem ist durch Zuschalten von Nebenwiderständen zur Stromwicklung des Reglers für die verschiedenen Generatorgrößen einstellbar.

Der Selbstschalter besteht aus einem Magnetkreis mit einem

schwenkbar gelagerten Anker. Das Magnetgestell besitzt drei Spannungsspulen, D, H, I, und eine Stromspule K, wobei die ersteren so auf das Magnetsystem einwirken, daß der Selbstschalter auf einen von der Batteriegegenspannung abhängigen Spannungswert anspricht. Der über die Stromspule fließende Rückstrom bewirkt das Ausschalten des Selbstschalters.

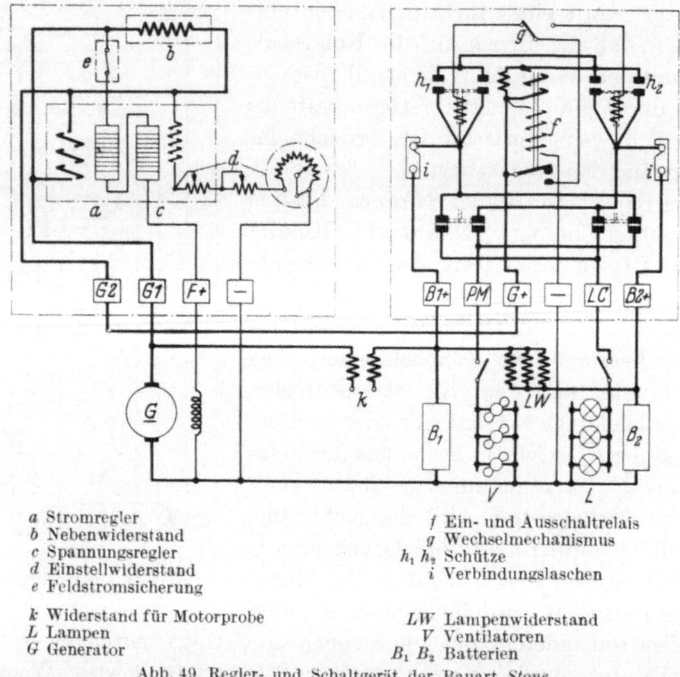

a Stromregler
b Nebenwiderstand
c Spannungsregler
d Einstellwiderstand
e Feldstromsicherung

k Widerstand für Motorprobe
L Lampen
G Generator

f Ein- und Ausschaltrelais
g Wechselmechanismus
h₁ h₂ Schütze
i Verbindungslaschen

LW Lampenwiderstand
V Ventilatoren
B₁ B₂ Batterien

Abb. 49. Regler- und Schaltgerät der Bauart *Stone*.

Der Lampenregler besteht aus einem Drehmagneten und einer oder mehrerer Kohlensäulen E, die vor das Lampennetz geschaltet sind. Im Ruhezustand wird durch Federspannung die Kohlesäule unter Druck gesetzt. Durch die Wirkung der Spannungswicklung T des Reglers, welche an der Lampenspannung liegt, wird die Kohlesäule mehr oder weniger entlastet, so daß der Regler unabhängig von der Stromstärke von einer bestimmten Grundlast an die Spannung an den Lampen konstant hält.

In ähnlicher Weise ist auch das in Schweden eingeführte System ASEA mit dem Kohleregler ausgerüstet. Dasselbe besitzt einen Kohleregler als Feldregler, dessen Elektromagnet in üblicher Weise durch eine Spannungs- und Stromspule erregt wird. Dadurch wird eine stromkompensierte Spannungsreglung des Nebenschlußgenerators erreicht. Die Spannung am Lampennetz wird durch einen Kohlelampenregler konstant gehalten.

Die Bauart Stone, London verwendet als Achsgenerator eine Nebenschlußmaschine, deren Feld durch Kohleregler geregelt wird. Um eine gute Generatorausnützung und eine schnelle Batterieladung zu erzielen, wendet sie zwei getrennte Feldregler an, wobei der eine mit Spannungswicklung und der andere mit Stromwicklung ausgerüstet ist. Die Feldsäulen beider Regler sind in Reihe geschaltet. Zu Beginn der Batterieladung regelt der Stromregler auf konstanten Batterieladestrom, und zwar so lange, bis die Batterie die Gasspannung angenommen hat. Von da ab übernimmt der Spannungsregler die Feldreglung, wobei mit Steigen der Batterieladung der Ladestrom allmählich auf einen unschädlichen Dauerwert zurückgeht. Abb. 49 zeigt die Schaltung des *Stone*-Systems mit 2 Batterien.

Die Reglergarnitur mit den dazugehörigen Widerständen und Sicherungen ist auf einer Tafel angeordnet, die in einem wasserdichten Schutzkasten eingebaut ist. Auf einer zweiten Tafel befinden sich die Apparate, welche das Zu- und Abschalten des Generators beim Anfahren und Halten des Zuges, ferner den Batteriewechsel vornehmen. Die beiden Schütze h_1, h_2 werden von dem Ein- und Ausschaltrelais gesteuert. Doch stehen diese beiden Schütze mit einem Klinkwerk mit Umschaltkontakt g in Verbindung, welches bewirkt, daß nach jedem Halt und Wiederanfahren des Zuges abwechselnd das eine oder andere Schütz betätigt wird. Im übrigen arbeitet die Anlage nach folgendem Plan:

Bei Stillstand des Generators liegt das Verbrauchsnetz an den beiden parallelgeschalteten Batterien. Bei eingeschaltetem Lichthauptschalter liegt die eine Batterie direkt am Generator, die zweite Batterie direkt am Lichtnetz. Über den Lampenwiderstand LW erhält sie Strom vom Generator für die Speisung ins Netz. Ein geringer Ladestrom hält sie auf niedrige Ladespannung. Nach jedem Halt und Wiederanfahren des Zuges wechselt dieser Betriebszustand zwischen Batterie *1* und *2*. Bei dem System *Stone* mit einer Batterie kommt nur ein Schütz mit dem Ein- und Ausschaltrelais zur Anwendung, während die Steuerung des Batteriewechsels wegfällt.

Einheitsbauart der DB. Aus wirtschaftlichen und betriebstechnischen Gründen hat sich die Deutsche Reichsbahn im Jahre 1925 entschlossen, eine neue Einheitsbauart einzuführen, welche aus einem von *Pintsch* neu herausgebrachten Kohlereglergerät und dem von der GEZ gebauten Achsgenerator System *Dick* bestand. Der Achsgenerator und das Reglergerät dieser Einheitsbauart wurden in den nachfolgenden Jahren ihrer Entwicklung weiter vervollkommnet. Auf die Übergangstypen soll hier nicht eingegangen, sondern lediglich die endgültig herausgebildete Normalausführung beschrieben werden. Der Achsgenerator ist auf Seite 61 beschrieben. Die gebräuchlichen Generatortypen sind im Anhang auf S. 162 aufgeführt.

Das Reglergerät der Bauart *Pintsch*[1] Type WK 50 ist aus Abb. 50, die Schaltung aus Abb. 51 ersichtlich.

Der Selbstschalter *SS* besitzt einen Magneten mit der Spannungswicklung *T* und der Stromwicklung *S*. Der Drehanker betätigt einen Schwenkkontakt, der sich an die feststehenden Kupferkontaktbürsten *K 1* oder *K 2* anlegt. Zwangsläufig mit dem Schwenkkontakt wird ein kleiner Umschalter *U* betätigt, welcher der Kontaktgabe der Hauptkontakte nacheilt. Wenn der Schalter in Ruhe ist, überbrücken die Kontakte *K1* die Kohlesäule *M* des Lampenreglers *LR*. Der +Pol der Batterie ist von dem +Pol des Generators getrennt. Der Hilfskontakt des Umschalters *U* überbrückt den Widerstand *I a*, so daß vor der Spannungsspule *T* nur der Widerstand *I* liegt. Sobald der Generator beim Anlauf auf die Einschaltspannung des Selbstschalters (26,5 V) gekommen ist, wird der Drehanker infolge der kräftigen Erregung durch die Spannungsspule *T* angezogen und die Kontakte *K2* geschlossen. Damit ist der +Pol des Generators

Abb. 50. Reglergerät WK 50 (Bauart *Pintsch*).

---

[1] Hersteller: *Pintsch* Bamag-Dinslaken.

mit dem +Pol der Batterie verbunden. Wenn vom Generator Strom über die Stromspule S nach der Batterie fließt, wird die Zugkraft des Magneten erhöht, so daß die Kontakte $K2$ unter kräftigem Druck gehalten werden. Der Umschalter U legt die Spannungsspule N des Lampenreglers LR an das Lampennetz, worauf der Lampenregler zu arbeiten beginnt. Ferner wird auch der Widerstand Ia in Reihe zu dem Widerstand I und der Spannungsspule T gelegt. Dadurch wird die Spannungsspule des Magneten schwächer erregt, so daß der Selbstschalter schon bei einem geringen Rückstrom abschaltet. An dem Widerstand I wird die Einschaltspannung des Selbstschalters eingestellt, an dem Widerstand Ia die Loslaßspannung.

Der Feldregler FR besitzt einen Drehmagneten sowie eine Kohlesäule, welche durch Federkraft zusammengedrückt wird. Die Kohlesäule als selbst-

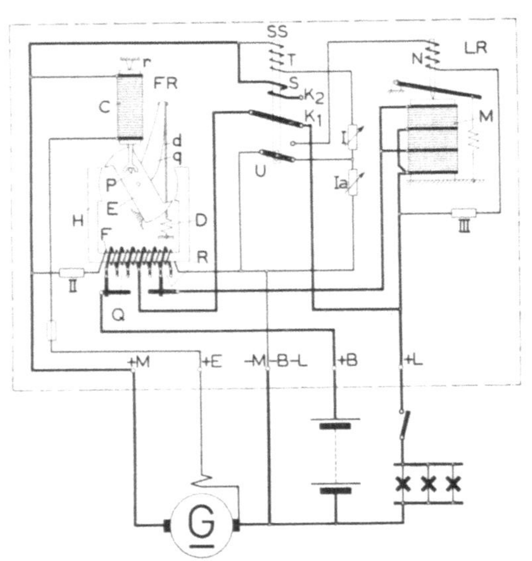

Abb. 51. Schaltbild des Reglergerätes WK 50.

veränderlicher Widerstand besteht aus einer aus dünnen Kohleringen aufgeschichteten Säule, die ihren Widerstand in Abhängigkeit vom Druck, der auf ihr lastet, stark verändert. An Hand der Skizze des Feldreglers FR (Abb. 51) soll der prinzipielle Aufbau und die Arbeitsweise des Reglersystems erläutert werden. Der Magnet H mit der Spannungsspule F, welch letztere über einen Vorwiderstand II an der Generatorspannung liegt, besitzt den Drehanker E mit dem exzentrisch gelagerten Druckstift P. Über eine Druckstütze wird die Kohlesäule C in Abhängigkeit vom Ankerdrehwinkel gegen das obere Widerlager r gedrückt. Die Feder D, die über ein dünnes Zugband d an der Leitkurve q des Ankers angreift, bewirkt, daß im ungeregelten Zustand des Magneten die Kohlesäule mit höchstem Druck zusammengepreßt wird. Daher hat die Kohlesäule in der Ruhelage des Reglers den kleinsten Widerstand. Übersteigt die Generatorspannung den Sollwert, so wird gegen die Zugkraft der Feder D der Drehanker in die Magnetpole hineingezogen. Die Kohlesäule wird dadurch entlastet und vergrößert ihren Widerstand so weit, bis durch den kleiner werdenden Feldstrom die Generatorspannung wieder auf ihren Sollwert zurückgeführt ist. Wenn umgekehrt die Generatorspannung den Sollwert unterschreitet, so wird auch die magnetische Zugkraft vermindert, der Drehanker geht infolge der Federkraft zurück, wodurch die Kohlesäule wieder stärker zusammengedrückt wird. Dadurch steigt der Feldstrom so weit an, bis der Sollwert der Generatorspannung wieder vorhanden ist. Die Leitkurve q verändert den Hebelarm der am Band angreifenden Federzugkraft in Abhängigkeit von der Ankerdrehung so, daß in jeder Ankerstellung ein Gleichgewicht zwischen Zugkraft des Drehmagneten und dem Gegendruck der Kohlesäule einerseits und der Federzugkraft andererseits besteht. Dies gilt bei einer Erregung des Drehmagneten, die dem Sollwert für Spannung und Strom des Feldreglers entspricht. Durch diesen einfachen Kräfteausgleich wird eine über den ganzen Regelbereich sich erstreckende astatische Regelung erreicht. Ein mit dem Anker verbundener Luftdämpfer bewirkt, daß der Anker schnell in die neue Lage einschwingt. Der Grad der Dämpfung kann an einer Schraube eingestellt werden.

Neben der Spannungswicklung F, welche für die Regelung der Leerlaufspannung des Achsgenerators maßgebend ist, besitzt der Feldregler noch eine mehrfach anzapfbare Stromwicklung, welche sich in Ladeund Lichtwindungen aufteilt. Die Ladewindungen Q wirken im gleichen Sinne wie die Spannungswicklung. Je mehr Ladestrom über diese fließt, um so mehr wird die Regelspannung vermindert. Dadurch wird erreicht, daß bei tiefentladener Batterie der Ladestrom nicht einen Wert annimmt, der den Generator unzulässig überlasten kann. Mit Steigen der Batteriegegenspannung geht allmählich der Ladestrom zurück, bis bei Erreichung der Volladung er einen Wert angenommen hat, der für die Batterie nicht mehr schädlich ist.

Die Lichtwindungen R wirken im entgegengesetzten Sinn der Spannungswicklung. Je mehr Strom über diese Windungen in das Lichtnetz fließt, um so mehr wird die Regelspannung erhöht. Damit wird auch der Ladestrom vermehrt. Diese Anordnung ist getroffen, damit der aus der Batterie entnommene Strom während der Haltezeiten des Zuges durch den Generator schnell wieder ergänzt wird. Die Lade- und Lichtwindungen werden je nach der angewendeten Generatortype und dem Anschlußwert des Beleuchtungsnetzes sowie

unter Berücksichtigung der Verwendung des Reglergerätes für D-Zug-
oder Personenwagen nach einem festliegenden Verhältnis eingestellt.

Das Reglergerät regelt bei Tagfahrt auf eine Grenzladespannung von
etwa 2,35 V je Zelle (d. i. bei einer 12zelligen Bleibatterie 28,5 V) und
bei Lichtbetrieb und voll
eingeschaltetem Lam-
pennetz auf 30 bis 30,5 V
Spannung.

Der Lampenregler
LR hat den gleichen
mechanischen Aufbau
wie der Feldregler. Die
Kohlesäule *M* ist dem
höheren Stromdurch-
gang entsprechend be-
messen und hat eine hin-
reichend große Ober-
fläche, so daß die in
ihr entstehende Verlust-
wärme gut abgeführt
wird. Je nach der Größe
des Lampenstromes ist
die Kohlesäule in
mehrere Abschnitte auf-
geteilt, die unter sich
parallel geschaltet sind.
Der Kohlelampenregler
ist nur in der Arbeits-
stellung des Selbstschal-
ters wirksam und regelt
von einer bestimmten

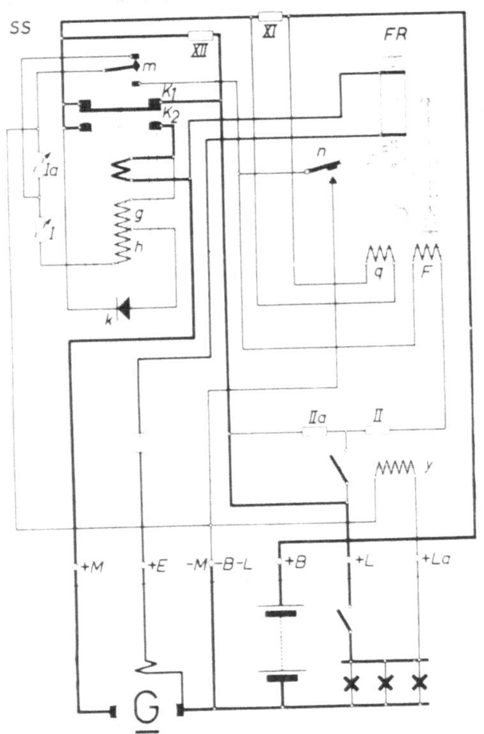

Abb. 52. Schaltbild des Reglergerätes KR 101.

Grundlast ab unabhängig von der Batterieladespannung die Lampen-
netzspannung auf etwa 25,5 bis 25,8 V. Die Type des Lampenreglers
muß dem Netzstrom angepaßt sein, damit die Erwärmung der Kohlesäule den zulässigen Wert nicht überschreitet. Bei Halt des Zuges liegt
das Lampennetz direkt an der Batteriespannung.

In neuerer Zeit ist von *Pintsch*[1] ein vereinfachter Kohleregler
Type KR 101 und KR 150 herausgebracht worden. Das Schaltbild

[1] Hersteller: *Pintsch*-Elektro, Konstanz.

desselben ist aus Abb. 52 ersichtlich. Der mechanische Aufbau des Feldreglers gleicht im Prinzip der Type WK 50.

Der Selbstschalter SS besitzt einen Topfmagneten mit Arbeits- und Ruhekontakten. In der Ruhelage wird der Widerstand XII durch die Kontakte K_1 überbrückt. In der Arbeitsstellung verbinden die Kontakte K_2 den $+$ Pol des Generators mit dem $+$ Pol der Batterie. Die zwangsläufig mit den Hauptkontakten betätigten Umschaltkontakte m legen die Spannungsspule des Feldreglers F in der Arbeitsstellung an das Lampennetz. In der Ruhestellung wird der zusätzliche Vorwiderstand Ia, der in Reihe mit dem Widerstand I und der Spannungsspule h geschaltet ist, überbrückt. Das Einschalten des Selbstschalters wird durch einen besonderen Stromkreis über die Sperrzelle k und die Wicklung g bewirkt, welche die Spannungsspule h in ihrer Wirkung unterstützt. Über diesen Stromkreis kann dann ein kleiner Strom fließen, wenn die Generatorspannung höher als die Batteriespannung ist. Die zusätzliche Erregung der Wicklung g ist abhängig von dem Differenzwert zwischen der Batteriespannung und der Generatorspannung. Daher erfolgt das Einschalten des Selbstschalters in Anpassung an die jeweilige Spannungslage der Batterie.

Die Spannungsspule F des Feldreglers FR ist für die Leerlaufspannung maßgebend. Beim Anlauf des Generators bleibt zunächst die Spannungsspule F stromlos, da sie erst nach dem Einschalten des Selbstschalters SS durch den Hilfskontakt m Spannung erhält. Wenn der Feldregler FR in seine Arbeitsstellung gegangen ist, verhindert der an ihm angebaute Hilfskontakt n ein Abschalten der Reglerspule F durch zufälliges Schalten des Selbstschalters SS, solange der Feldregler noch nicht in die Ruhestellung zurückgegangen ist. Die Stromspule q des Feldreglers, welche parallel zu dem Nebenwiderstand XI liegt, senkt die Regelspannung in Abhängigkeit vom Batterieladestrom, so daß kein unzulässig hoher Ladestrom auftreten kann.

Der Lichtstrom fließt über den Widerstand XII zum Verbraucher. Da die Spannungsspule F des Feldreglers an Klemme $+L$ über die Widerstände II und IIa angeschlossen ist, wird die Spannung am Lichtnetz annähernd konstant gehalten, soweit keine Spannungserniedrigung durch die Ladewindung q auftritt. In Abhängigkeit von der Größe des Lichtstromes entsteht am Lichtwiderstand XII ein Spannungsunterschied, um den die Batterieladespannung gehoben wird. Mit steigendem Lichtverbrauch steigt daher die Ladespannung, so daß eine ähnliche Erhöhung des Ladestromes in Abhängigkeit vom Lichtstrom erzielt wird, wie dies beim Reglergerät WK 50 der Fall ist.

Während der Tagfahrt ist der Regler auf eine Leerlaufspannung von 28,5 V eingestellt. Bei Lichtbetrieb und eingeschaltetem Lichthauptschalter aber wird durch das Relais y, welches zwangsläufig mit dem Lichthauptschalter betätigt wird, der Widerstand IIa überbrückt. Dadurch wird die Regelspannung auf etwa 26,5 V gesenkt, sofern kein Strom in das Lampennetz fließt. Wenn das volle Lampennetz eingeschaltet ist, wird die Ladespannung auf 30 bis 30,5 V erhöht.

Die Ladewiderstände XI und die Lichtwiderstände XII können an einem Klemmbrett eingestellt werden, so daß der Regler der Generatortype, der Batteriekapazität und dem Lampenstromverbrauch angepaßt werden kann. Abb. 53 zeigt den Regler KR 101 und K 150. Die

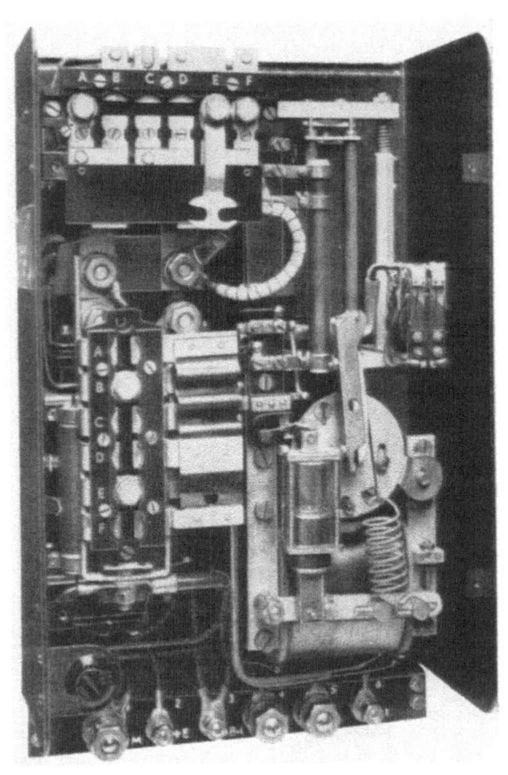

Abb. 53. Reglergerät KR 101 und 150 (Bauart *Pintsch*).

technischen Angaben der Reglergeräte, Bauart *Pintsch*, sind aus dem Anhang S. 167 und 168 ersichtlich.

Kohlenetzregler als Zusatzgerät. Wie aus den bisherigen und noch folgenden Beschreibungen zu ersehen ist, wird bei der Mehrzahl der Zuglichtsysteme kein Lampenregler benötigt. Dafür werden Schaltungen angewendet, bei denen die Lampenspannung trotz der höheren Batterieladespannung in den Grenzen zwischen 24 und 26 V bleibt. Mitunter läßt sich jedoch die Anwendung eines Lampenreglers nicht umgehen,

z. B. wenn eine alkalische Nickeleisenbatterie mit mehr als 18 Zellen vorgesehen wird, oder wenn verschiedene Stromverbraucher eine genaue Einhaltung der Netzspannung benötigen.

Für diesen Fall kann zu dem Reglergerät ein Netzregler beigefügt werden.

In Abb. 54 wird die Kombination eines Reglergerätes mit einem Kohlelampenregler dargestellt.

Der Lampenregler besitzt einen einfachen Elektromagneten A und

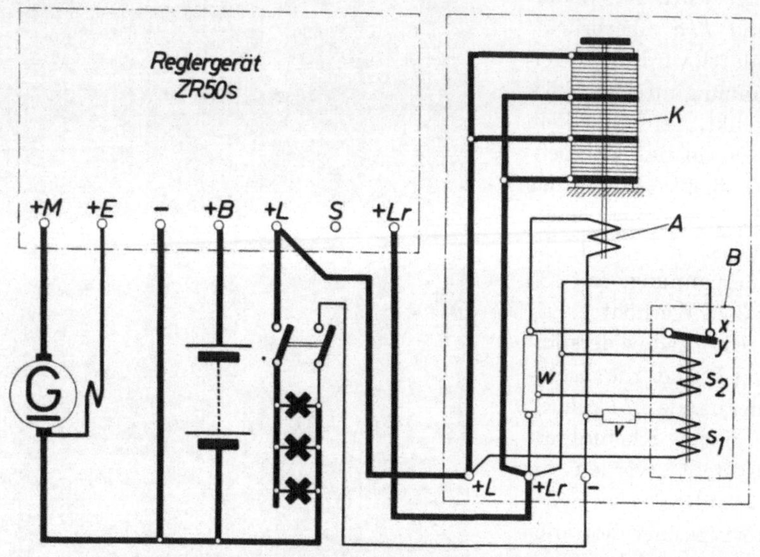

Abb. 54. Kohlelampenregler (Bauart GEZ).

eine aus Kohleringen zusammengesetzte Säule K, ferner ein Spannungs-relais B.

Das Gerät ist auf einer Grundplatte montiert und mit einer Schutz-haube, die vor Verstaubung schützt, aber gute Lüftung zuläßt, ab-gedeckt.

An den Klemmen $+Lr$ und − liegt die veränderliche Spannung (z. B. Batteriespannung oder Generatorspannung). An den Klemmen $+L$ und − liegt die geregelte Spannung, z. B. Spannung des Lampen-netzes, und zwischen den Klemmen $+Lr$ und $+L$ liegt die Kohlesäule.

Die geregelte Spannung ist jeweils um den Betrag des Spannungs-abfalles an der Kohlesäule niedriger als die veränderliche Spannung.

Im Ruhezustand sind die Regelkontakte $x\,y$ des Spannungsrelais B geschlossen und überbrücken den Widerstand w. Der Elektromagnet A wird daher voll erregt und übt einen Höchstdruck auf die Kohlesäule aus. Die geregelte Spannung ist daher nur wenig von der veränderlichen Spannung verschieden.

Wenn die veränderliche Spannung zu steigen beginnt, will auch die geregelte Spannung über ihren Sollwert steigen. Da die Spule s_1 des Spannungsrelais B an der geregelten Spannung liegt, wird der Anker angezogen. Die Kontakte $x\,y$ werden geöffnet und der Widerstand w in den Erregerstromkreis der Spule des Elektromagneten A eingeschaltet, so daß die Erregung desselben und der Druck auf die Kohlesäule sinkt. Mit dem Öffnen der Kontakte $x\,y$ wird die Zitterspule s_2 des Spannungsrelais B über einen Abgriff am Widerstand w erregt, welche der Spule s_1 entgegenwirkt, so daß der Anker sofort zurückgeht und die Kontakte $x\,y$ sich schließen. Die Erregung des Elektromagneten wird wieder auf den Höchstwert gebracht. Da der Widerstand der Kohlesäule kleiner wird, steigt die geregelte Spannung wenig über den Sollwert, so daß sich abermals die Kontakte $x\,y$ öffnen und nach Art der Tirrillregelung in ständiger Schwingung bleiben. Das Verhältnis der Öffnungs- und Schließzeiten der Kontakte $x\,y$ bedingt die Stärke der Erregung des Elektromagneten A. Dadurch wird der Widerstand der Kohlesäule so verändert, daß die Netzspannung unabhängig von der Belastung konstant bleibt.

Der Vorteil dieses Reglers besteht darin, daß die Regelgenauigkeit von dem Spannungsrelais B allein abhängt. Die bei längerer Betriebszeit sich einstellenden Veränderungen an der Kohlesäule stören nicht die Genauigkeit der Regelung. Der Sollwert der Netzspannung wird an der Stellschraube des Spannungsrelais eingestellt.

Der Kohlelampenregler, Bauart GEZ, wird auch für größere Leistungen mit zwei parallel geschalteten Kohlesäulen geliefert. Die technischen Daten desselben sind im Anhang S. 168 aufgeführt.

2. Der Stufenkontaktregler.

Der Stufenkontaktregler als zweite Gruppe wird ebenfalls von vielen Bauarten angewendet. Die Bauart *Dick* mit dem Quecksilberregler, welche von der GEZ geliefert wurde, ist in Europa und Übersee im großen Umfang eingeführt und noch in Betrieb. Auch in Deutschland wurde diese Bauart bei D-Zugwagen, Speise- und Schlafwagen angewendet.

Der Generator ist eine vierpolige Nebenschlußmaschine. Um gleiche Polarität bei wechselndem Drehsinn zu erreichen, sind die zwei Bürstenpaare auf einem drehbaren Bürstenträger angebracht, der bei Umkehr des Drehsinns des Ankers um eine Polteilung sich selbsttätig verstellt.

Die Schaltung des Reglergerätes ist in Abb. 55 veranschaulicht.

Der Selbstschalter S mit der Spannungs- und Stromspule ist ein üblicher Rückstromschalter.

Der Maschinenregler R besteht aus einem Solenoid mit Spannungswicklung a und Stromwicklung i. Unter dem Solenoid befindet sich ein Kontaktgefäß, das aus einer Anzahl von Metallringen mit dazwischengelagerten Isolierringen gebildet wird. An den Fahnen der Metallringe sind Widerstandsspiralen angelötet. Diese bilden in Reihenschaltung den Stufenwiderstand f des Gerätes, der vor die Feldwicklung MW des Achsgenerators geschaltet ist. In dem zylindrischen Hohlraum des Solenoids gleitet ein Kolben aus Weicheisen, der an seinem unteren Ende einen Holzstab trägt. Dieser taucht in das mit Quecksilber gefüllte Kontaktgefäß. Bei Unterspannung befindet sich der Magnetkolben in seiner untersten Lage, und der Holzstab stößt am Boden des Kontaktgefäßes auf. Das Quecksilber wird durch ihn nach oben gedrängt. Dadurch werden alle Metallringe des Kontaktgefäßes miteinander leitend verbunden und die zugehörigen Widerstandsstufen überbrückt. Beim Anlauf des Generators liegt vor der Feldwicklung kein Vorwiderstand, daher hat der Erregerstrom seinen höchsten Wert.

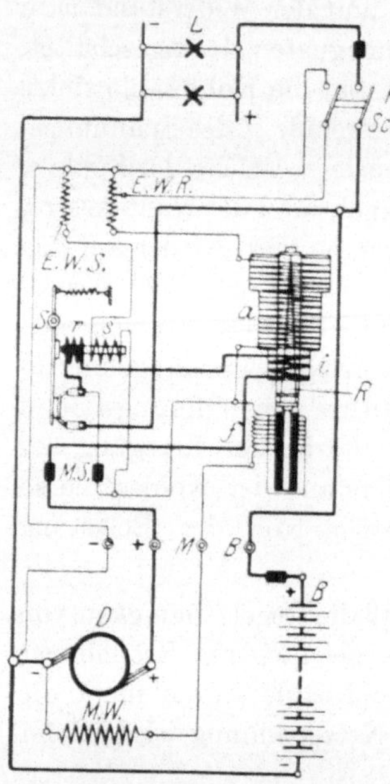

Abb. 55. Schaltbild
des Quecksilberreglers (Bauart *Dick*).

Sobald der Generator auf die zu regelnde Spannung gekommen ist, wird der Magnetkolben durch das von der Spannungswicklung erzeugte Magnetfeld gehoben, wobei das Quecksilber sinkt und die Metallringe nach und nach freigibt. Damit wird Widerstand vor die Feldwicklung MW gelegt und der Erregerstrom geschwächt. Auf diese Weise stellt der Regler den Erregerstrom so ein, daß die Spannung und Leistung des

Achsgenerators D stets dem Ladezustand der Batterie B und dem Stromverbrauch des Lampennetzes L entspricht. Die Stromwicklung i des Reglers R, welche vom Generatorstrom durchflossen wird, schützt den Generator vor unzulässiger Überlastung. Mit zunehmender Batterieladung sinkt allmählich der Ladestrom.

Das Arbeitsdiagramm dieses Reglers ist in Abb. 56 dargestellt. Seine Kennlinie ist eine Gerade, die in einen bestimmten Winkel zur Horizontalen geneigt ist, d. h. die Regelspannung sinkt im gleichen Verhältnis mit zunehmendem Generatorstrom. Wenn die Beleuchtung abgeschaltet ist, fließt der Generatorstrom als Ladestrom in die Batterie. Bei voll geladener Batterie wird der Ladestrom von der Kurve a begrenzt. Die Leerlaufspannung liegt bei 29 V.

Wenn die Beleuchtung durch den Lichthauptschalter eingeschaltet wird, wird die Leerlaufspannung auf 28 V herabgesetzt, die Reglerkennlinie also parallel nach unten verschoben. Durch die

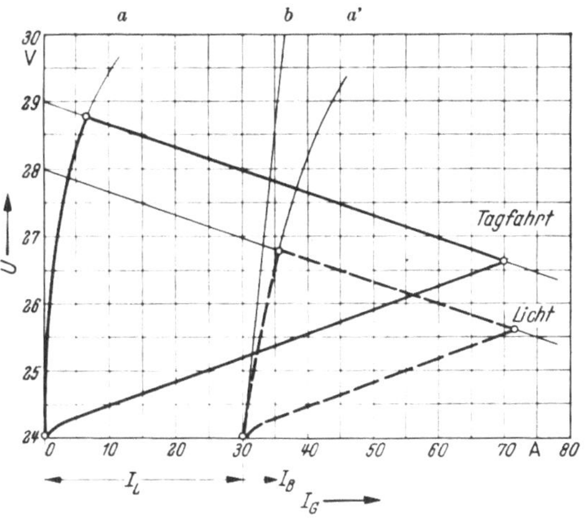

Abb. 56. Reglerkennlinien (Bauart *Dick*).

Gerade b wird der Lampenstrom I_L abgeteilt. Die Kurve a' begrenzt wieder den Ladestrom I_B bei vollgeladener Batterie.

Die Bauart BBC mit dem Wälzregler (gebaut von der Firma *Brown, Boveri & Cie.* in Baden/Schweiz) ist ebenfalls in vielen Ländern Europas und in Übersee vertreten. Bei der DB wird diese Bauart bei Oberleitungslokomotiven und Triebwagen angewendet. Der Achsgenerator ist eine Nebenschlußmaschine mit drehbarer Bürstenbrücke.

Das Reglergerät wird für den normalen Zugbeleuchtungsbetrieb in zwei Ausführungen gebaut. Die Type GMB 1 ist für den Betrieb mit einer Bleibatterie geeignet (siehe Abb. 57).

Nach dem Anfahren des Zuges steigt die Generatorspannung mit zunehmender Geschwindigkeit an. Der Drehanker Z beginnt sich zu drehen und gleichzeitig rollt der vom Drehsystem gesteuerte Kontaktsektor A über die ersten Lamellen der Kontaktbahn. Die Wicklung $P\,I$ erhält Spannung und der Selbstschalter P schaltet den Generator auf die Batterie. Die Kontakte 2 und 3 werden geöffnet und die Widerstandstufen b und c, zusammen mit a, in den Stromkreis des Drehankers Z eingeschaltet. Die Parallelschaltung erfolgt in dem Augenblick, wo die Generatorspannung auf einen Wert gestiegen ist, der annähernd der Batterieruhespannung entspricht.

Wird der Zug zum Halten gebracht, fällt der Selbstschalter in die Ruhestellung zurück, sobald die Spannung etwas unter den Wert der Einschaltung gesunken ist.

Regulierung der Generatorspannung. Der Drehanker Z steht unter der Einwirkung von zwei einander entgegengesetzten Kräften. Das durch die Drehankerwicklung erzeugte Dreh-

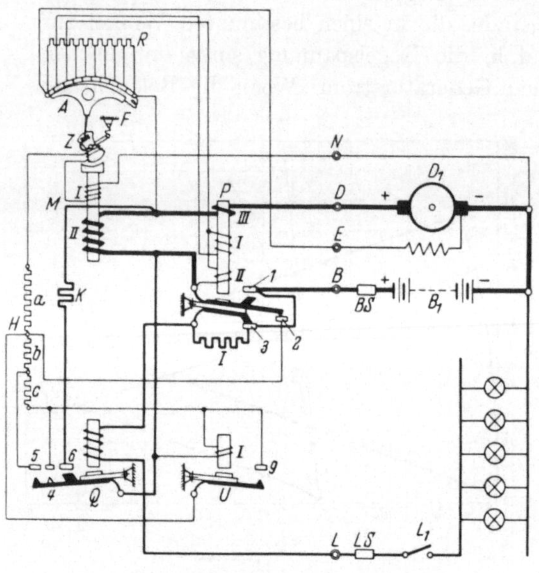

Abb. 57. Schaltbild des Beleuchtungsreglers GMB 1 (Bauart BBC).

moment wirkt auf den Anker, um ihn von der Ruhelage in die Endlage zu drehen. Die Kraft der Feder F dagegen ist darauf gerichtet, den Anker in die Ruhelage zurückzubringen. Der Stromkreis, in welchem die Drehankerwicklung liegt, ist mit Vorschaltung des Widerstandes H an die Generatorklemme angeschlossen. Mit Steigen der Generatorspannung wird durch die Drehbewegung des Ankers der Kontaktsektor so weit verstellt, bis sich das elektromagnetische und das Feder-Drehmoment das Gleichgewicht halten. Dann stellt sich eine Generatorspannung ein, welche dem Sollwert entspricht. Der Kontaktsektor rollt bei jeder Drehzahländerung des Generators auf der Kontaktbahn nach links oder rechts und schaltet soviel Widerstand in den Nebenschlußstromkreis ein oder aus, bis der Sollwert der Generatorspannung wieder hergestellt ist.

Batterieladung bei ausgeschaltetem Licht, Tagfahrt. Der Feldregler regelt die Spannung und den Ladestrom in Abhängigkeit vom Batterieladezustand. Bei entladener Batterie fließt der vorgeschriebene Höchstladestrom. Mit dem allmählich fortschreitenden Ladezustand sinkt der Ladestrom und erreicht am Ende der Ladung noch etwa 50% des Höchstwertes. Diese Verminderung des Ladestromes wird erreicht durch das gleichsinnige Zusammenarbeiten der Stromwicklung *M II* mit der Spannungswicklung *M I*. Die geregelte Spannung des Generators bewegt sich während der Batterieladung zwischen den Werten von etwa 2,2 V je Zelle bei Beginn der Ladung und 2,55 V je Zelle am Ende der Ladung. Ist die Ladespannung auf 2,55 V je Zelle angestiegen, dann tritt das Ladebegrenzungsrelais *U* in Tätigkeit, Kontakt 9 wird geschlossen und die Teilwiderstände *c* und *b* werden überbrückt. Infolge Verstärkung der elektromagnetischen Kraft im Drehanker kommt der Kontaktsektor in Bewegung und schaltet soviel Widerstand in den Erregerstromkreis ein, daß die Generatorspannung auf etwa 2,1 V je Zelle zurückgeht.

Batterieladung bei eingeschaltetem Licht, Nachtfahrt. Wird das Licht eingeschaltet, dann schließt das Relais *Q* die Kontakte 4, 5 und 6. Der Teilwiderstand *c* wird überbrückt und gleichzeitig der Widerstand *K* parallel zur Stromwicklung *M II* geschaltet. Das Drehmoment am Anker *Z* wird verstärkt, der Kontaktsektor bewegt sich im Sinne der Widerstandzuschaltung und die sich einstellende Generatorspannung im Leerlauf entspricht etwa 2,3 V je Zelle. Der Widerstand *K* ist derart bemessen, daß durch den Einfluß der Stromwicklung *M II* die Generatorspannung bei höchstzulässiger Belastung (max. Lichtstrom und max. Batterieladestrom) etwa 2,1 V je Zelle beträgt.

Lichtmaschine mit Motorenantrieb. Bei Lokomotiven und Triebfahrzeugen, bei denen die Lichtmaschine direkt mit einem Dieselmotor gekuppelt wird, entsteht beim Anlauf ein steiler Spannungsanstieg, so daß eine kurzzeitige Spitzenspannung unvermeidlich ist. Um zu verhüten, daß dieselbe das Ladespannungsrelais *U* zum Ansprechen bringen kann, wird das Relais zusätzlich mit einer Gegenstromwicklung *U II* versehen, über welche der Batterieladestrom fließt. Der während dem Anlauf auftretende große Stromstoß verhindert die volle Erregung des Relaismagneten, so daß der Relaisanker in der Ruhestellung verharrt. Danach nimmt die Ladung der Batterie den gewöhnlichen Verlauf, der Ladestrom sinkt allmählich und am Ende der Ladung überwiegt die elektromagnetische Kraft der Wicklung *U I* und zieht den Relaisanker an.

Das Reglergerät Type GDB 1, das für eine Nickel-Cadmium-Batterie geeignet ist, zeigt den gleichen technischen Aufbau wie der beschriebene Regler Type GMB 1. Doch ist die Schaltung in einigen Teilen geändert, wodurch die Spannungscharakteristik der alkalischen Batterie besonders berücksichtigt ist. Die Batterieladung wird allein durch den Feldregler begrenzt, so daß am Ende der Ladung der Strom auf den unschädlichen Dauerwert zurückgeht.

Bei Beleuchtung wird der während der Fahrt vor dem Lampennetz liegende Widerstand I durch ein zusätzliches Relais auf zwei Widerstandswerte abgestuft, wodurch die Lampenspannung in den zulässigen Grenzen gehalten wird.

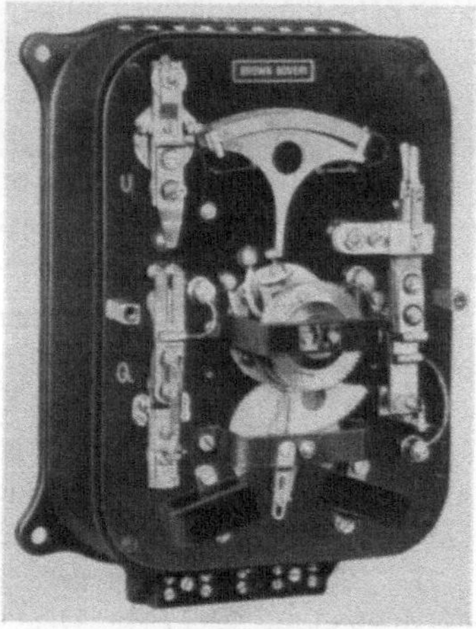

Der Regler bei abgenommener Schutzkappe ist in Abb. 58 dargestellt. Die technischen Daten sind im Anhang S. 169 angeführt.

Die Bauart EVR mit dem Kammregler, welche von der *Firma L'Eclairage des Véhiculus sur Rail*, Paris, gebaut wird, ist vor allem in Frankreich und seinen Kolonien sowie in anderen Ländern Europas und Übersee vertreten.

Der Achsgenerator ist eine Nebenschlußmaschine mit drehbarer Bürstenbrücke. In Abb. 59 ist die Schaltung des Reglergerätes darge-

Abb. 58. Beleuchtungsregler (Bauart BBC).

stellt. Der Selbstschalter C ist ein normaler Rückstromschalter. Der Feldregler R besteht aus dem Elektromagneten mit der Spannungswicklung $r1$, aus dem Anker $r3$, der an dem Hebelarm $r4$ angebaut und in der Achse $r5$ drehbar gelagert ist. Die Kontaktbahn $r8$ des Reglers besteht aus einer Anzahl voneinander isolierter Lamellem, an welchen der abgestufte Regelwiderstand $r9$ angeschlossen ist. In Ruhestellung des Reglers werden sämtliche Lamellen der Kontaktbahn durch einen aus federnden Metallzinken bestehenden Kamm $r6 - r7$ überbrückt. Wenn der Regler in die Arbeitsstellung übergeht, bewegt sich der Hebelarm $r4$ nach abwärts und hebt die Zinken von den Lamellen der Kontaktbahn ab, wodurch Widerstand vor die Feldwicklung des Generators gelegt wird. Die Bewegungen des Ankers werden durch den Luftdämpfer $r11$ abgebremst, so daß eine stetige Regelung zustande kommt.

Der Feldregler *R* wird durch den Hilfsregler *S* zusätzlich gesteuert. Dadurch wird eine Strom-Spannungsreglung und damit beschleunigte Batterieladung erzielt. Der Hilfsregler ist an sich ein Zitterregler, der mit seinen Kontakten *s5 s7* den Vorwiderstand *r13* periodisch überbrückt und auf diese Weise die Regelfunktion des Reglers *R* so beeinflußt, daß die Regelspannung gesenkt wird. Dabei soll die Spule *s2* die Spielfrequenz der Kontakte *s5 s7* beschleunigen. Der Hilfsregler *S* trägt die Stromspule *s1*, über welche der gesamte Generatorstrom fließt, und ist damit ein Stromregler, der den Ladestrom der Batterie so lange auf einen konstant hohen Wert regelt, bis die Spannung so weit gestiegen ist, daß die Batterie zu gasen beginnt. Von da ab arbeitet der Hauptregler *R*, der durch die Spannungsspule *r1* nur von der Generatorspannung beeinflußt wird, selbständig und unabhängig vom Hilfsregler *S*, dessen Kontakte *s5 s7* offenbleiben. Durch den Hauptregler wird der Ladestrom der Batterie allmählich bis auf einen für die Batterie unschädlichen Wert herabgeregelt.

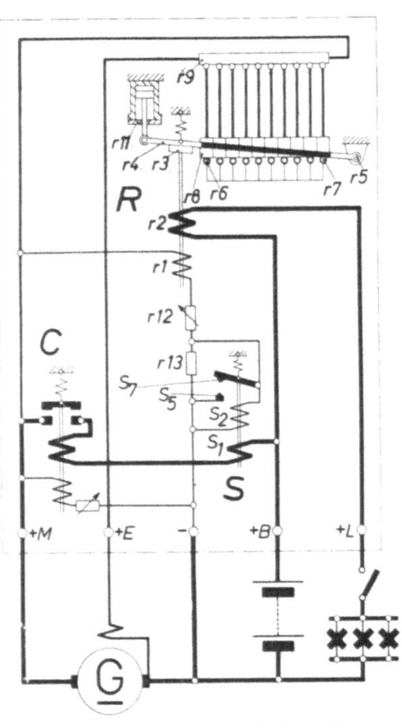

Abb. 59. Schaltbild des Reglergerätes (Bauart EVR).

Bei Lichtbetrieb fließt der Ladestrom über die Spule *r2* des Hauptreglers *R*, wodurch seine Regelspannung gesenkt wird, so daß die Lampen vor unzulässiger Überspannung geschützt sind.

Bei dem Reglergerät in einfacher Anordnung fehlt der Hilfsregler *s*. Dafür besitzt der Feldregler neben der Spannungsspule eine Stromspule, über welche der Generatorstrom fließt. Dadurch wird der Generator vor Überlastung geschützt. Mit zunehmender Batterieladung geht der Ladestrom allmählich auf einen kleinen Dauerwert zurück.

Das System des Kammreglers wird in besonderen Fällen auch als Netzregler gebaut und für die Gleichhaltung der Lampenspannung

6*

vorgesehen. Abb. 60 zeigt die Vorderseite des Reglergerätes bei abgenommener Schutzkappe.

Die spannungsregelnde Bauart GEZ (Gesellschaft für elektrische Zugbeleuchtung Berlin-Frankfurt/Main), die bei der DB, der DBP und der DSG, sowie in vielen Ländern Europas und Übersee Eingang gefunden hat, verwendet für die Regelung der Nebenschlußgeneratoren (s. Anhang S. 169) das Reglergerät ZR 50s nach dem Bandsystem. Abb. 61 zeigt das Reglergerät offen. Unter der rechten Schutzkappe des Reglergerätes sitzen die elektromechanischen Teile, welche unter staubsicherem Verschluß sind. Die Überprüfung dieses Teiles soll nur von einem Fachmann in der Spezialwerkstatt vorgenommen werden. Unter der linken Schutzhaube befinden sich alle wärmeentwickelnden Widerstände sowie diejenigen Teile, welche bei Inbetriebnahme des Reglers für den betreffenden Verwendungszweck eingestellt werden müssen. Auch die Feldstromsicherung und der Hilfsschalter für Normal- und Starkladung ist zugänglich.

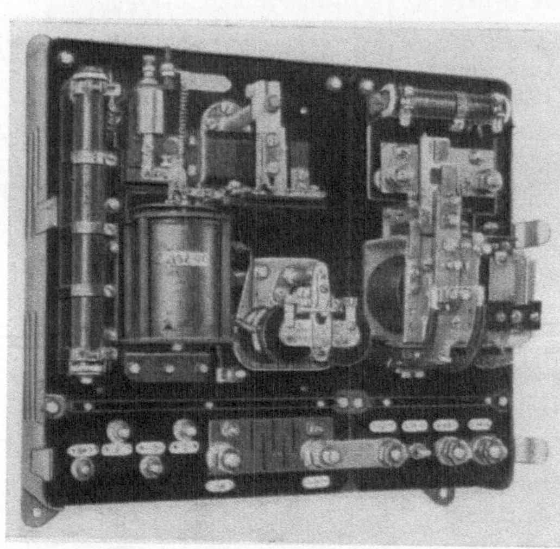

Abb. 60. Reglergerät (Bauart EVR).

Das Reglergerät ZR 50s ist für eine Spannung von 24 bis 32 V und für einen Generatorstrom von 50 bis 150A, sowie für einen Feldstrom bis 6A, ausgelegt. Abb. 62 zeigt die Schaltung desselben.

Der Selbstschalter SS besteht aus dem Magneten mit Spannungsspule b und Stromspule a, dessen beweglicher Anker vier parallel geschaltete Arbeitskontakte und zwei parallel geschaltete Ruhekontakte aus Silber besitzt. Die Arbeitskontakte verbinden bei Anfahrt des Zuges den $+$Pol des Generators mit dem der Batterie. In der Ruhelage des Schalters überbrücken die Ruhekontakte den vor dem Lampennetz liegenden Widerstand LW. Irgendwelche Hilfskontakte sind nicht vorhanden.

Damit der Selbstschalter bei einem kleinen Rückstrom abschaltet, ist der Anker so ausgebildet, daß neben dem normalen Luftspalt $d1$ im magnetischen Kreis ein zweiter gegenläufiger Luftspalt $d2$ entsteht, der die Zugkraft des Magneten nur allmählich anwachsen läßt. Der prinzipielle Aufbau des Selbstschalters wird in Abb. 63 dargestellt. In

Abb. 61. Reglergerät ZR 50s zur spannungsregelnden Bauart GEZ.

besonderen Fällen wird der Selbstschalter SS mit einer zweiten Spannungswicklung $b1$ ausgestattet, welche über eine Sperrzelle p an den Generator- und Batterie-Pluspol angeschlossen ist. Erst wenn die Generatorspannung wenig über die Batteriespannung gestiegen ist, kann ein Strom über die Sperrzelle und die Spannungswicklung $b1$ fließen. Die zusätzlichen Amperewindungen dieser Wicklung bewirken das Ansprechen des Selbstschalters. Nachdem der Schalter die Arbeitskontakte geschlossen hat, wird diese Wicklung überbrückt. Die Hauptspannungswicklung hält den Schalter in der Arbeitsstellung fest. Es genügt ein ganz kleiner Rückstrom, um den Schalter in die Ruhestellung zu bringen. Mit Hilfe dieser Vorkehrung paßt sich der Einschaltpunkt

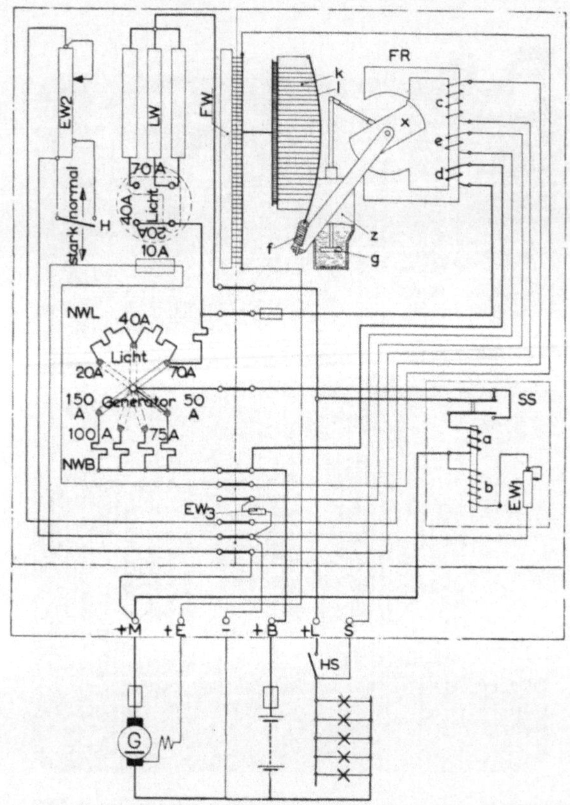

Abb. 62. Schaltbild des Reglergerätes ZR 50 s.

des Selbstschalters der jeweiligen Spannungslage der Batterie an. Diese Anordnung wird mit Vorteil bei höheren Spannungen (72 oder 110 V) angewendet, für welche das Reglergerät auch gefertigt werden kann.

Der Feldregler *FR* (Abb. 62) besteht aus dem Drehmagneten x mit einer Haupt- und einer Hilfsspannungsspule (c und e) sowie einer Stromspule d. Der Drehmagnet x bewegt unter der Spannung der Feder f zwei Silberbänder l über ein aus einzelnen Lamellen bestehendes Kontaktsegment k. An den Lamellen des Kontaktsegmentes liegt ein aus einzelnen Drahtspiralen bestehender Stufenwiderstand FW, der in den Feldstromkreis des Generators geschaltet wird.

Durch einen neuartigen Öldämpfer wird eine wirksame und trotzdem reibungslose Dämpfung der Bewegung des Drehankers erzielt. Wenn der Anker x sich verstellt, bewegt sich der Kolben g im zylindrischen Teil des Behälters z und drückt das Öl von unten nach oben, oder umgekehrt. Ein Labyrinthverschluß, durch welchen die Kolbenstange frei geführt wird, verhindert das Austreten von Öl, gleichgültig, in welche Lage der Regler gebracht wird. Die Ölfüllung ist für jahrelangen Betrieb ohne Wartung ausreichend.

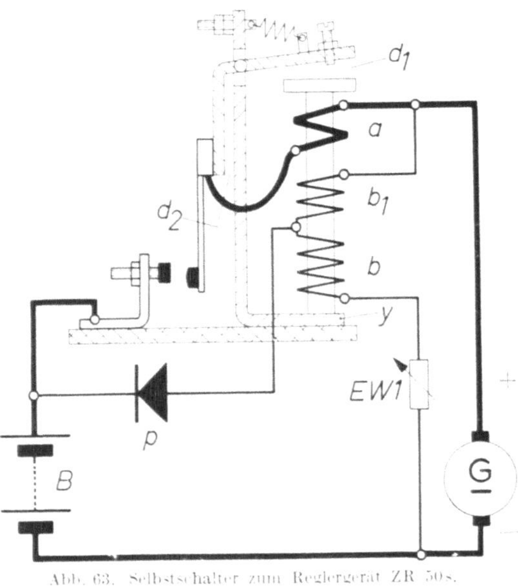

Abb. 63. Selbstschalter zum Reglergerät ZR 50 s.

Wenn die Spannung des Generators auf den Regelwert gestiegen ist, beginnt mit zunehmender Zuggeschwindigkeit der Drehanker x sich zu verstellen. Die Silberbänder l, welche im Ruhezustand alle Lamellenkontakte überbrückt haben, werden allmählich abgehoben und legen Widerstand vor die Feldwicklung, so daß der Feldstrom allmählich abnimmt. Der Vorgang setzt sich mit steigender Drehzahl fort, wobei der Feldstrom so begrenzt wird, daß die Spannung des Generators auf den Regelwert konstant gehalten wird.

Der Stufenwiderstand FW ist so fein unterteilt, daß praktisch eine stufenlose Regelung erzielt wird. Es herrscht zwischen den Lamellen des Kontaktsegmentes k nur eine geringe Spannung, so daß keine Abnutzung der Kontakte auf lange Betriebszeit eintritt.

Der beschriebene Regelvorgang wird durch die Spannungsspule c bewirkt, welche für die Leerlaufspannung des Generators maßgebend ist (etwa 30 V).

Die Stromabgabe des Generators wird durch die Stromspule d des Feldreglers beeinflußt, welche an je einem Ende der beiden Nebenwiderständen NWB und NWL angeschlossen ist.

Die regelnde Wirkung der Stromspule d wird verständlich, wenn man den Stromlauf in Abb. 64 verfolgt.

Der Batterieladestrom (I_B) fließt über den Nebenwiderstand NWB, der Lampenstrom (I_L) über den Nebenwiderstand NWL. Durch die Stromwicklung d fließt ein kleiner Zweigstrom, der dem Differenzwert von I_B und I_L verhältnisgleich ist. Bei Tagfahrt, wenn der Lichthauptschalter HS ausgeschaltet ist, fließt nur der Ladestrom I_B. Der zugehörige Zweigstrom in der Spule d unterstützt die Wirkung der Spannungsspule c des Feldreglers, wodurch die Regelspannung sinkt. Bei geschlossenem Lichthauptschalter HS aber, und — wenn man sich die Batterie abgeschaltet denkt, — fließt nur der Lampenstrom I_L. Der

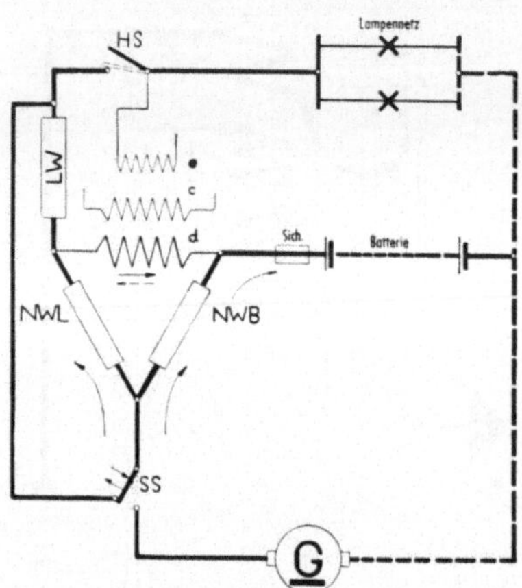

Abb. 64. Stromlauf im Reglergerät ZR 50 s.

zugehörige Zweigstrom in der Stromspule d wirkt der Spannungsspule c entgegen, wodurch die Regelspannung erhöht wird. Mit zunehmendem Lampenstrom wird der Generator zu erhöhter Stromabgabe veranlaßt, so daß auch bei Beleuchtung die Batterie gut geladen wird.

Die Regelung der Lampenspannung wird, ohne daß ein besonderer Lampenregler benötigt wird, auf folgende Weise erreicht:

Gleichzeitig mit dem Einschalten des Lichthauptschalters HS wird die Klemme S an die Lampenspannung gelegt. Infolgedessen fließt über die Hilfswicklung e am Feldregler ein kleiner Strom zusätzlich zur Spannungswicklung c. Dadurch wird die Leerlaufspannung des Generators auf 26,5 Volt gesenkt. Dies gilt, wenn im Lampennetz kein Strom verbraucht wird. Sobald aber Glühlampen eingeschaltet werden, wird einerseits durch die Wirkung des Nebenwiderstandes NWL die Generatorspannung erhöht, andererseits entsteht im Lampenwiderstand LW ein gleichgroßer Spannungsabfall. Dadurch bleibt die Lampenspannung unabhängig von der jeweils eingeschalteten Lampenzahl bei Fahrt annähernd auf gleicher Höhe. Sie liegt praktisch zwischen 25 bis 26 Volt.

Der Nebenwiderstand NWB ist aus temperaturabhängigem Material gefertigt, wobei sein Widerstandswert mit steigender Temperatur stark zunimmt. Daher wirkt er bei Beginn der Ladung stromregelnd in der Weise, daß der Ladestrom nicht unzulässig ansteigt, im weiteren Verlauf der Ladung auf der normalen Höhe bleibt und bei Erreichen der Gasspannung auf einen für die Batterie unschädlichen Wert zurückgeht.

Die Kennlinie A (Abb. 65) zeigt die in kürzerer Zeit erreichte Aufladung der Batterie im Vergleich zur Kennlinie B, welche für einen Nebenwiderstand, der nicht temperaturabhängig ist, gilt.

Durch die stromregelnde Wirkung des Nebenwiderstandes NWB wird nicht nur der Ladestrom begrenzt, sondern auch der Generator vor Überlastung geschützt, da ja die höchste Belastung durch den Umfang des Lichtnetzes festgelegt ist. Der Nebenwiderstand NWB ist nach dem Nennstrom der verschiedenen Generatortypen abgestuft, und zwar für die Mittelwerte 50, 75, 100 und 150 A.

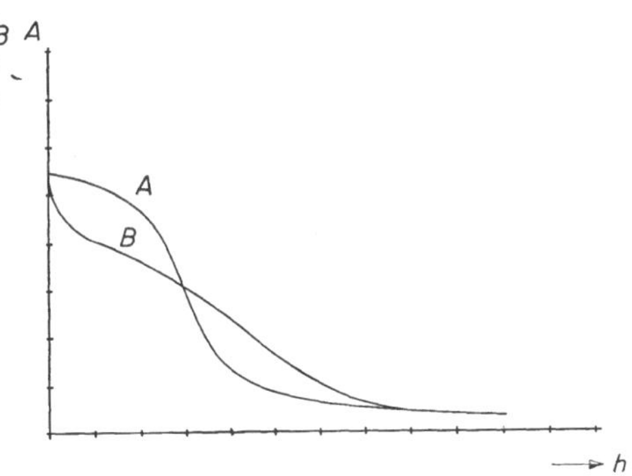

Abb. 65. Ladekennlinien von Reglergeräten.

Der Stromverbrauch im Lichtnetz wird am Nebenwiderstand NWL und gleichlautend am Widerstand LW eingestellt, und zwar für die Mittelwerte 20, 40 und 70 A. Zusätzliche Belastungen, wie Lüftermotore, elektrische Steuerung, elektrische Kochgeräte usw., die Spannungsschwankungen in gewissen Grenzen vertragen können, werden an die Klemmen $+B$ und $-$ angeschlossen.

Hilfsschalter H auf Stellung „normal" entspricht der Regelspannung von 29,5 bis 30 V, die für eine Bleibatterie mit 12 Zellen oder eine alkalische Batterie mit 18 Zellen günstig ist. Auf Stellung „stark" wird die Regelspannung auf etwa 31 V erhöht, die für eine alkalische Batterie mit 18 oder 19 Zellen günstig ist. Falls auf Stellung „normal" die Batterie (in den Wintermonaten) nicht genügend aufgeladen wird,

kann auf „stark" umgestellt werden, wodurch die Batterieladung verstärkt wird.

Abb. 66 zeigt das Reglergerät zusammen mit dem Schaltkasten *ZS* auf
einem Montagerahmen montiert. Der Schaltkasten enthält den Lichthauptschalter, die Generator- und Batterie-
sicherung sowie die erforderlichen
Stromkreissicherungen als Sicherungsautomaten. Die Arbeitskennlinien des
Reglergerätes für Tagfahrt und Lichtbetrieb sind im Abschnitt „Graphische
Darstellung des Ladeverlaufes" wiedergegeben (s. Abb. 71 u. 73).

3. Der Schwingkontaktregler.

Der Schwingkontakt-Regler als
dritte Gruppe wird vorzugsweise für
Anlagen mit niedriger Spannung (6 V,
12 V, 24 V) und mit kleiner bis mittlerer
Generatorleistung angewendet. Nach
dem Kriege wurde von der Deutschen
Bundesbahn die Kleinlichtanlage an
Stelle der Gasbeleuchtung in 2- und
3-achsigen Personenwagen eingeführt.
Generator und Regler werden von der
Fa. *Robert Bosch*, Stuttgart, geliefert.
Sie entsprechen der bei den Kraftfahrzeugen angewendeten Bauart. Der
Generator (Type D 25), dessen Antrieb
auf S. 44 und 63 beschrieben wird, ist
eine kleine schnellaufende Nebenschlußmaschine.

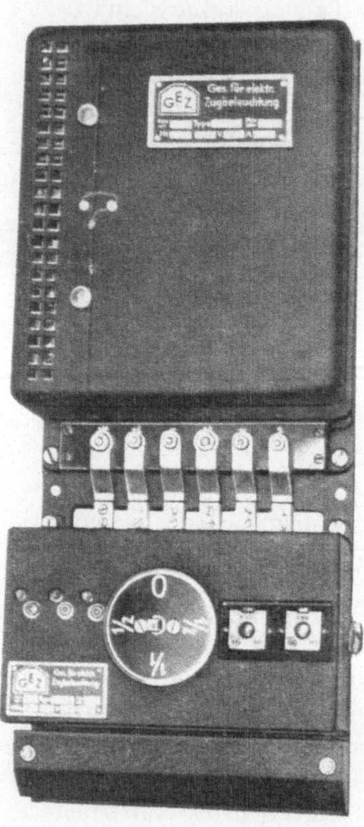

Abb. 66. Reglergerät ZR 50 s mit
Schaltkasten ZS.

Das Feld des Generators wird
durch einen Zitterregler mit einem Kontaktpaar geregelt. Die Schaltung
des Reglergerätes ist aus Abb. 67 ersichtlich. Die technischen Daten
sind im Anhang S. 169 angeführt. Der Selbstschalter *SS* ist ein
üblicher Rückstromschalter mit der Stromwicklung a und Spannungswicklung b, dessen Arbeitskontakte k_2 den +Pol des Generators mit
dem +Pol der Batterie verbindet.

Bei Halt des Zuges überbrücken die Ruhekontakte k_1 den Lampen-widerstand LW. Bei Fahrt wird die Lampenspannung gegenüber der Batterieladespannung durch den Lampenwiderstand LW erniedrigt, so daß die Glühlampen vor Überspannung geschützt sind.

Der Feldregler FR ist ein Zitterregler mit der Spannungsspule c, der Stromwicklung d und einem schwingend gelagerten Anker, dessen Kontakte k_3 in der Ruhelage geschlossen sind und die vor der Feldwicklung liegende Zitter-spule z überbrücken. Wenn die Generatorspannung auf den Regelwert gestiegen ist, öffnen sich die Kontakte k_3 und legen die Zitterspule z, welche als Tast-widerstand dient, vor die Feld-wicklung, so daß der Erreger-strom stark vermindert wird. Die Generatorspannung fällt, wo-durch die Kontakte k_3 sich wieder schließen, um bei ansteigender Spannung sofort wieder aufge-rissen zu werden. Das Öffnen und Schließen der Kontakte k_3 ver-läuft in einem schnellen perio-dischen Wechsel. Der Windungs-sinn der Zitterspule z ist dem

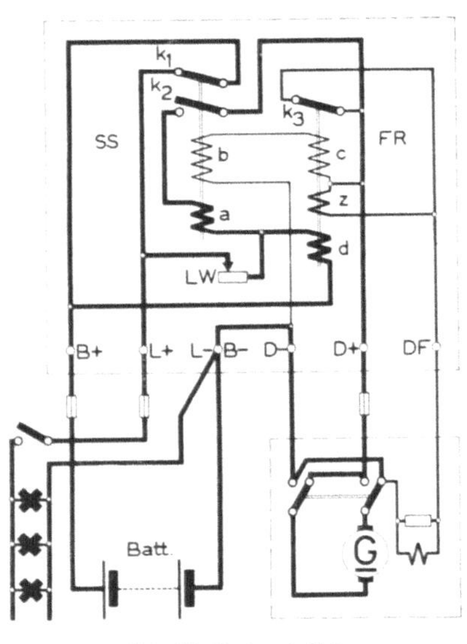

Abb. 67. Reglerschalter
(Bauart *Bosch*)

der Spannungsspule c entgegengesetzt, wodurch die Spielfrequenz der Regelkontakte k_3 erhöht wird, so daß ein Flimmern des Lichtes nicht wahrgenommen werden kann. Durch die Änderung der Schließ- und Öffnungszeiten der Regelkontakte ergibt sich ein Mittelwert des Feld-stromes, welcher die Regelung des Generators auf gleichbleibende Spannung unabhängig von der Drehzahl bewirkt. Die Stromspule d, welche vom Batterieladestrom durchflossen wird und im gleichen Sinn wie die Spannungsspule c wirkt, verhindert eine Überlastung des Generators und bewirkt eine Aufladung der Batterie mit abfallendem Strom.

Das Lampennetz wird durch einen Hauptschalter ein- und aus-geschaltet. Einzelabschaltungen von Lampen sind nicht vorgesehen. Die Feldwicklung des Generators ist zusätzlich durch einen Widerstand überbrückt, der die induktiven Spannungsspitzen der Feldwicklung brechen und eine Funkenbildung an den Regelkontakten k_3 verhindern soll.

Die Bauart Dick, die auf S. 78 beschrieben wurde, ist durch einen mehrstufigen Schnellregler als Feldregler weiter verbessert worden. Dieser Schnellregler wird in dem Reglergerät der Österreichischen Siemens - Schuckert-werke, Wien, Type ZR 52, angewendet, das vor allem bei der Österreichischen Bundesbahn eingeführt ist. Die Prinzipschaltung desselben geht aus Abb. 68 hervor.

Mit diesem Reglersystem können Achsgeneratoren mit einer Spannung von 24 bis 30 V und einer Leistung bis 5 kW geregelt werden, wobei auch der Feldstrom in dem Bereich von 0,4 bis 5 A liegen kann. Der Selbstschalter S besteht aus Rückstromrelais s und Schütz mit den Haupt-

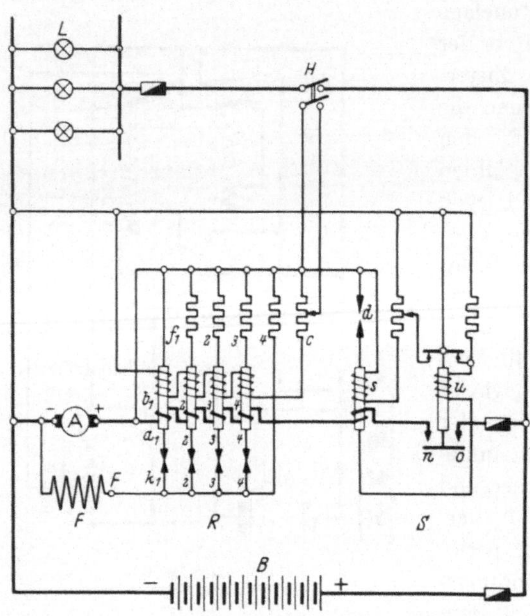

Abb. 68. Schaltbild des Reglergerätes (System *Dick*-ÖSSW).

kontakten $n\,o$. Der Feldregler R besteht aus vier Schnellreglerdosen. Jede Dose besitzt einen Topf-Elektromagneten mit einer Spannungswicklung b und einer Stromwicklung a, ferner einen zwischen zwei Membranen schwingbar gelagerten Eisenkern, der im Ruhezustand die Regelkontakte k geschlossen hält. Die Spannungswicklungen b_1 bis b_4 sind in Reihe geschaltet und liegen über einen Vorwiderstand c an der Generatorspannung. Die Stromwicklungen a_1 bis a_4 sind in Reihe geschaltet und werden vom Generatorstrom durchflossen. Beim Anlauf des Generators sind alle Kontakte k_1 bis k_4 geschlossen. Die Feldwicklung F liegt zunächst an der vollen Generatorspannung. Sobald dieselbe über den Sollwert steigt, wird der Kontakt k_1 geöffnet und die

Widerstände f_1 bis f_4, welche zueinander parallel liegen, vor die Feldwicklung gelegt. Dadurch wird der Feldstrom und damit die Generatorspannung vermindert, so daß der Kontakt k sich wieder schließt. Das Öffnen und Schließen der Regelkontakte erfolgt von nun an periodisch, so lange, bis die Drehzahl des Generators so weit gestiegen ist, daß der Kontakt k_1 geöffnet bleibt. Da jede nachfolgende Reglerdose auf einen etwas höheren Spannungswert als die vorhergehende eingestellt ist, kommt die zweite Reglerdose zum Arbeiten, wodurch die Widerstandsgruppe f_2 bis f_4 vor die Feldwicklung geschaltet bzw. durch f_1 überbrückt wird. Dann tritt die dritte und bei weiterem Steigen der Drehzahl des Generators die vierte Reglerdose mit den dazugehörigen Widerstandsstufen f_3 und f_4 in Tätigkeit. Der Bereich der Feldregelung wird also auf vier Kontaktstellen verteilt und dadurch eine geringe Abnützung und eine lange Lebensdauer der Kontakte erzielt. Die Spielfrequenz ist so groß, daß das Auge kein Lichtflimmern wahrnehmen kann, die Beleuchtung also vollkommen gleichmäßig erscheint. Genau wie bei dem *Dick*-Quecksilberregler (s. S. 78) wird durch Stromkompensierung eine Batterieladung mit abfallendem Ladestrom erzielt. Bei Tagfahrt arbeitet der Regler auf eine erhöhte Ladespannung von max. 2,5 V je Zelle. Bei eingeschalteter Beleuchtung wird die Regelspannung auf max. 2,3 V je Zelle erniedrigt, so daß die Lampen vor Überspannung geschützt werden.

D. Prüfen und Messen an Zugbeleuchtungsanlagen.

1. Prüfstand.

Für die Instandhaltung der Zugbeleuchtungsanlagen ist es zweckmäßig, daß die Werkstatt über einen ortsfesten Prüfstand verfügt, auf welchem sowohl der Generator als auch das Reglergerät einer gründlichen Untersuchung und Messung unterzogen werden kann. In Abb. 69 wird ein Prüfstand gezeigt, der aus dem Antriebsmotor (a), dem Aufhängegestell mit Achsgenerator (b), der Schalt- und Instrumententafel (c) und dem Lampenbrett (d) besteht. Der Antriebsmotor muß imstande sein, den Achsgenerator mit jeder Drehzahl innerhalb des Drehzahlbereiches anzutreiben, in der Weise, daß bei jeder Belastung zwischen Leerlauf und Vollast die Betriebswerte beliebig lang konstant gehalten werden können. Hierfür eignet sich besonders gut ein Drehstrom-Kommutator-Motor mit Nebenschluß-Charakteristik. Die Drehzahlregelung des Kommutator-Motors geschieht durch die Verdrehung des

Bürstensternes, welche ein kleiner Stellmotor (e) vornimmt, der durch den Schalter (f) gesteuert wird. Durch das Umlegen des Schalters (h) kann der Drehsinn des Antriebsmotors geändert werden. Auch ein Antriebsaggregat in Leonard-Schaltung kann angewendet werden.

Auf der Meßtafel befinden sich die verschiedenen Meßinstrumente. Das Drehzahl-Anzeige-Instrument ($n/min.$) steht mit dem Drehzahlgeber (n) in Verbindung. Der Spannungsmesser (U_G) zeigt die Generatorspannung und der Strommesser (I_G) den Generatorstrom an, der Strommesser (i) den Feldstrom des Generators.

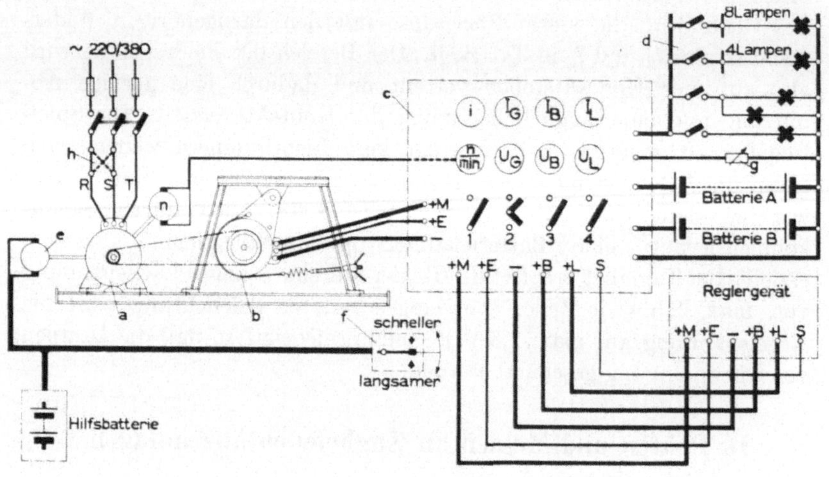

Abb. 69. Schaltskizze eines ortsfesten Prüfstandes.

Der Spannungsmesser (U_B) zeigt die Batteriespannung. Der Strommesser (I_B) ist ein Instrument mit Nullpunkt in der Mitte und gibt daher den Entlade- oder den Ladestrom an. Die Lampenspannung wird durch den Spannungsmesser (U_L), der Lampenstrom durch den Strommesser (I_L) angezeigt. Mit dem Ausschalter (*1*) kann der Achsgenerator zu- und abgeschaltet werden. Mit dem Umschalter (*2*) kann entweder die Batterie B (Bleibatterie) oder A (Stahlbatterie) wahlweise zugeschaltet werden. Der Schalter (*3*) dient als Lichthauptschalter. Mit dem Schalter (*4*) kann eine Zusatzlast (*g*) zu- und abgeschaltet werden. An Stelle der Zusatzlast kann auch ein Umformer oder ein Wechselrichter für Leuchtstofflampen angeschlossen werden.

Mit den vier Ausschaltern des Lampennetzes ist es möglich, jede beliebige Anzahl Glühlampen von 1 bis 15 einzuschalten. Das Reglergerät liegt an den zugehörigen Klemmen der Meßtafel.

2. Fahrbarer Antriebsmotor.

Wenn die Beleuchtungsanlage des Eisenbahnwagens überprüft werden soll, ohne daß Teile ausgebaut werden, so kann dies dadurch geschehen, daß man einen Antriebsmotor unter dem Wagen aufstellt und von demselben den Achsgenerator antreibt. Bei dieser Art Prüfung kommt es nicht so sehr auf genaue Messungen bei den verschiedenen Drehzahlen an, vielmehr soll nur festgestellt werden, ob die Anlage richtig arbeitet. Der Antriebsmotor ist meist auf einem länglichen Rahmen montiert, der auf einem Fahrgestell gelagert ist und damit an jeden Wagen herangefahren werden kann. Der Rahmen mit Motor kann aus dem Fahrgestell herausgerollt und quer über die Schienen gelegt werden. Der Achsgenerator wird mittels Riemen von diesem Motor angetrieben. Ein Regulieranlasser ermöglicht das Anfahren und eine grobstufige Drehzahlregelung. Die verschiedenen Meßgrößen der Anlage können ermittelt werden, indem man einen Meßkoffer an das Reglergerät und die Schalttafel im Wagen anschließt, in ähnlicher Weise, wie dies im folgenden Abschnitt beschrieben ist.

3. Strom- und Spannungsmessungen auf Probefahrt.

Damit die Batterie für die laufende Betriebszeit stets in gut aufgeladenem Zustand gehalten wird, muß der Achsgenerator während der Fahrzeit mindestens so viel Ladestrom abgeben, daß unter Einrechnung des Ladewirkungsgrades mit Sicherheit jegliche Stromentnahme aus der Batterie ergänzt wird. Im durchgehenden Fernverkehr wird in der Regel die Batterie auf gutem Ladezustand gehalten. Im Nah- und Vorortverkehr treten mitunter Schwierigkeiten auf, eine ausreichende Batterieladung zu erreichen. Eine Probefahrt auf der betreffenden Fahrstrecke mit den Messungen von Spannung, Lade- und Entladestrom, Säuregewicht usw. und eine genaue Auswertung dieser Meßergebnisse gibt am besten Klarheit darüber, ob die Generatorleistung und die reine Fahrzeit für eine volle Batterieaufladung genügen oder ob durch Änderung der Reglereinstellung oder des Übersetzungsverhältnisses des Generatorantriebs eine höhere Batterieladung erreicht werden kann. Wenn alle diese Möglichkeiten ausgenützt sind und trotzdem die Batterieladung nicht ausreicht, muß der Generator gegen einen größeren ausgetauscht werden, sofern man sich nicht entschließen kann, den Stromverbrauch im Netz herabzusetzen.

Für die Probefahrt werden die nötigen Meßinstrumente in die Zuleitungen zum Reglergerät eingefügt. In Abb. 70 ist der Meßkoffer GEZ

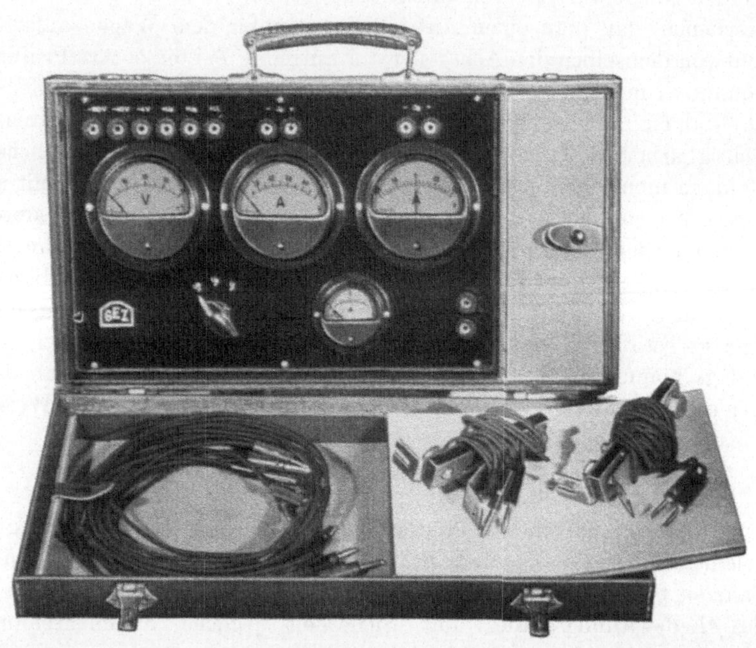

für Zugbeleuchtung dargestellt. Ein Stromschreiber, möglichst mit Nullpunkt in der Mitte, kann zweckmäßigerweise in die Leitung $+B$ gelegt werden, so daß der Entlade- und Ladestrom registriert wird. Auch ein Spannungsschreiber für die Aufzeichnung der Generator- oder Batteriespannung kann angeschlossen werden.

Der Probefahrtbericht soll die Meßspalten für die Spannungen (U_G, U_B, U_L) und für die Ströme (I_G, I_B, I_L), ferner für den Feldstrom i, für die Zuggeschwindigkeit v und die Uhrzeit enthalten. Zur Schätzung der Zuggeschwindigkeit s. Anhang S. 164. Vor Beginn und nach Beendigung der Probefahrt ist die Messung des spezifischen Gewichtes der Füllsäure der Bleibatterie zu empfehlen.

4. Graphische Ermittlung des Ladeverlaufes.

Wenn es nicht möglich ist, eine Probefahrt auszuführen oder wenn man für die Projektierung einer neuen Zuglichtanlage im Voraus den Stromhaushalt ermitteln muß, so kann man das folgende graphische Verfahren anwenden. Dabei ist der Achsgenerator Dg 100 mit 24/30 V, 0 bis 100 A und 340/450/2400 U/min, das Reglergerät ZR 50s und die Bleibatterie, bestehend aus 12 Zellen, Type 6 Gro 180 mit 180 Ah Kapazität, fünfstündig, zugrunde gelegt.

a) Das Fahrdiagramm. Für die vorgesehene Fahrstrecke kann man sich das Fahrdiagramm, in welchem die Zuggeschwindigkeit v in Abhängigkeit von den einzelnen Fahrzeiten f aufgetragen ist, beschaffen. Im Notfall genügen auch die Angaben des Fahrplanes, um ein angenähertes Diagramm zu entwerfen.

Das Fahrdiagramm dient zur Ermittlung der gesamten *Fahrzeit*, während welcher der Achsgenerator mit seiner niedrigsten Vollastdrehzahl (n_2) oder einer höheren Drehzahl angetrieben wird. Für n_2 = 450 U/min läßt sich nach der Formel im Anhang (S. 165) die zugehörige Zuggeschwindigkeit v_2 berechnen, wobei $D = 0{,}96$ m, $d_1 = 0{,}50$ m und $d_2 = 0{,}16$ m beträgt:

$$v_2 = \frac{n\ D\ d_2}{5{,}3\ d_1} = \frac{450\ \ 0{,}96\ \ 0{,}16}{5{,}3\ \ 0{,}50} = 26\ \text{km/h.}$$

Von dieser Zuggeschwindigkeit an aufwärts kann der Achsgenerator die volle Leistung abgeben. Bei Erhöhung der Zuggeschwindigkeit setzt die Tätigkeit des Feldreglers ein, der den Ladestrom in Abhängigkeit von der Batteriegegenspannung und der Verbraucherlast regelt. Die gesamte Fahrzeit ($F = \Sigma f$) gilt für Zuggeschwindigkeiten oberhalb von v_2 (d. h. bei $v \geqq v_2$).

Zu der Einschaltdrehzahl des Achsgenerators $n_1 = 340$ U/min kann die zugehörige Zuggeschwindigkeit errechnet werden:

$$v_1 = \frac{n\ D\ d_2}{5{,}3\ d_1} = \frac{340\ \ 0{,}96\ \ 0{,}16}{5{,}3\ \ 0{,}50} = 20\ \text{km/h.}$$

Innerhalb der Zuggeschwindigkeit von v_1 bis v_2 gibt der Achsgenerator eine Leistung von unterschiedlicher Höhe ab. Da dieser Bereich beim Anfahren und Halten des Zuges meist schnell durchschritten wird, ist es zweckmäßig, diesen Betrag der elektrischen Arbeit für die Berechnung zu vernachlässigen und als Sicherheit zu werten.

Die Aufenthalte und die für Anfahren und Halten des Zuges aufgewandten Zeiten s ergeben, zusammen addiert, die gesamte *Standzeit* $S = \Sigma s$.

b) Das Batterie-Reglerdiagramm. Der Verlauf des Ladestromes, der vom Generator an die Batterie abgegeben und vom Feldregler entsprechend der Batteriegegenspannung geregelt wird, vollzieht sich nach dem Batterie-Reglerdiagramm (Abb. 71). Dasselbe wird von den Kennlinien der Batterie und des Reglers gebildet, die miteinander zur Deckung gebracht sind. Die Kennlinienschar der Batterie gibt die Werte der Ladespannung in Abhängigkeit von der aufgedrückten Ladestromstärke,

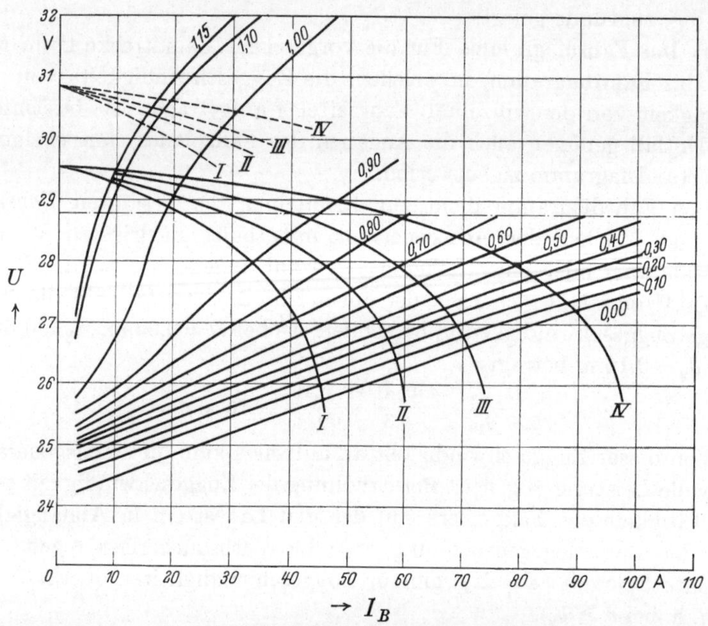

Abb. 71. Batterie-Reglerdiagramm für Tagfahrt.

und zwar für die verschiedenen Ladezustände der Batterie an. Die unterste Kennlinie (0,00) gilt für eine normal entladene Batterie. Die nächsthöhere Kennlinie ist aufgenommen, nachdem die Batterie eine Teilladung erhalten hat und ihr verfügbarer Ladeinhalt um 0,1 der listenmäßigen Kapazität (K) gestiegen ist. Die Kennlinien über 1,00 zeigen, daß wohl die Spannungscharakteristik der Batterie sich noch ändert, wenngleich ihr Ladeinhalt nicht oder nur unwesentlich über den Nennwert erhöht werden kann, wobei der größte Teil des Ladestromes in Gas umgesetzt wird.

Die Kennlinien *I-IV* zeigen die vom Regler eingehaltenen Spannungswerte (U) in Abhängigkeit von dem Ladestrom (I_B). Die Kurven *I*,

II, III, IV gelten für die Einstellung des Reglers *ZR 50s* auf einen Generator mit 50, 75, 100 oder 150 A. Bei Stellung des Hilfsschalters *H* auf „normal" liegt die Leerlaufspannung bei 29,5 V (s. S. 89). Wenn der Hilfsschalter *H* auf „stark" umgestellt wird, erhöht sich die Leerlaufspannung auf 30,8 V, d. h. die Kurven *I-IV* verschieben sich parallel nach oben. In dem hier behandelten Fall ist der Regler auf 100 A für den Generator und auf 40 A für Licht eingestellt. Der Hilfsschalter *H* steht auf „normal". Daher gilt die Kennlinie *III* und gibt an, daß der Ladestrom (I_B) bei Ladebeginn (0,00) 72 A beträgt und auf 9 A zurückgeht, wenn der Ladezustand der Batterie auf 1,15 gestiegen ist. Im Gegensatz zu anderen Reglersystemen, bei denen die Kennlinie eine Gerade ist (s. Abb. 56), stellt die Kennlinie des Reglers *ZR 50s* eine Kurve dar. Ihre Krümmung ist durch die Temperaturabhängigkeit des Nebenwiderstandes *NWB* bedingt. Die dabei erreichte Stromregelung bewirkt eine beschleunigte Batterieaufladung.

Zuerst soll das graphische Verfahren für die *Tagfahrt* durchgeführt werden, wobei das Lampennetz durch den Lichthauptschalter abgeschaltet ist.

Tabelle 1.

1		0,00	0,10	0,20	0,30	0,40	0,50	0,60	0,70	0,80	0,90	1,00	1,10
2	U	26,6	26,8	26,9	27,1	27,2	27,4	27,7	27,9	28,3	28,7	29,2	29,4
3	I_B	72	70	69	68	67	65	62	59	53	43	21	11
4	I_{Bm}	71	69,5	68,5	67,5	66	63,5	60,5	56	48	32	16	
5	$I_{Bm} \cdot 0,9$	64	62,5	61,5	60,5	59,5	57	54,5	50,5	43	29	14,5	
6	t	—	0,282	0,288	0,293	0,298	0,303	0,316	0,330	0,356	0,418	0,620	1,240
7	Σt	—	0,282	0,570	0,863	1,161	1,464	1,780	2,110	2,466	2,884	3,504	4,744
8	I_{Bm}	71	69,5	68,5	67,5	66	63,5	60,5	56	48	32	16	
9	$I_{Bm} \cdot 0,67$	47,5	46,5	46	45	44	42,5	40,5	37,5	32	21,5	11	
10	t	—	0,378	0,388	0,392	0,400	0,410	0,424	0,445	0,480	0,562	0,838	1,640
11	Σt	—	0,378	0,766	1,158	1,558	1,968	2,392	2,837	3,317	3,879	4,717	6,357

In der Tab. 1 werden die für die Auswertung benötgten Werte zusammengefaßt. Die aus dem Batterie-Reglerdiagramm für Spannung (U) und Ladestrom (I_B) entnommenen Werte sind für die verschiedenen Ladezustände von 0,00 bis 1,10 in Zeile *2* und *3* eingesetzt. In Zeile *4* ist der Mittelwert von I_B zwischen je zwei Kurvenpunkten und in Zeile *5* dieser Wert, multipliziert mit dem Ladewirkungsgrad $\eta = 0,9$, eingetragen. Der Ladezustand der Batterie wird bei jedem Abschnitt um $k = 0,1\ K = 18\ Ah$ gehoben. Die Ladezeiten ergeben sich:

$$t = \frac{k}{I_{Bm}\ \eta} = \frac{18}{I_{Bm}\ 0,9}\ (h)$$

Diese Zeiten sind in Zeile *6*, die Zeiten (Σt) der fortschreitenden Aufladung der Batterie in Zeile *7* eingetragen.

c) Das Diagramm des Ladeverlaufes kann nunmehr aufgestellt werden, und zwar die Kurven U/t, I_B/t und k/t (Abb. 72). Es ergibt sich

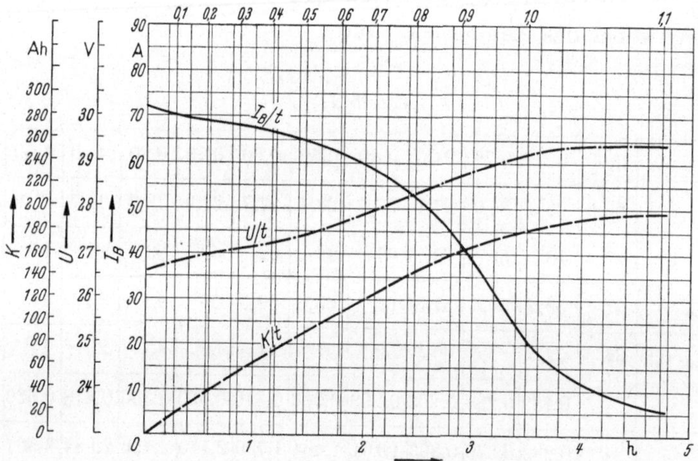

Abb. 72. Diagramm des Ladeverlaufs.

die gesamte Ladezeit $T = 4,74\ h$ (einschl. 10% Überladung). Die aus dem Fahrdiagramm a) ermittelte gesamte Fahrzeit F muß gleich oder größer sein, wenn eine volle Batterieladung auf der vorgesehenen Fahrstrecke erreicht werden soll.

Für den Lichtbetrieb läßt sich in gleicher Weise das graphische Verfahren durchführen, wozu das Batterie-Reglerdiagramm nach Abb. 73

benützt wird. Von Null nach rechts ist wieder der Ladestrom I_B, nach links der Lampenstrom I_L abgetragen. Bei eingeschaltetem Lichthauptschalter und wenn der Lampenstrom $I_L = 0$, arbeitet der Regler auf der Kennlinie h mit dem Ausgangspunkt A. Wenn dagegen Lampen-

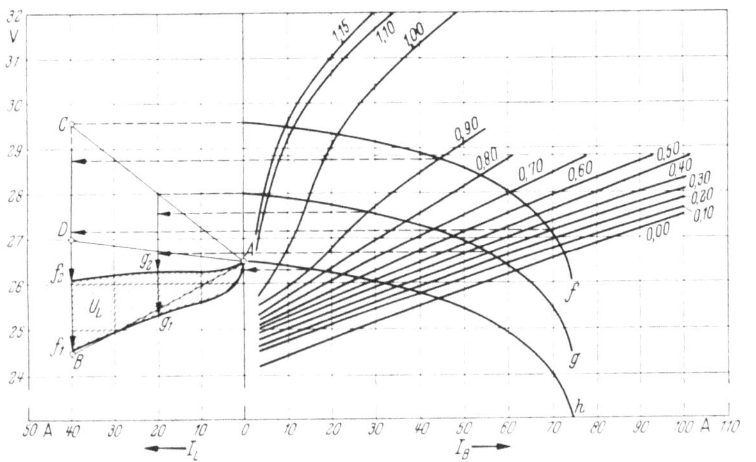

Abb. 73. Batterie-Reglerdiagramm für Lichtbetrieb.

ströme innerhalb $I_L = 0$ bis $I_L = 40\ A$ auftreten, wird durch die Einwirkung des Nebenwiderstandes NWL die Reglerkennlinie von 26,5 V bis 29,5 V gehoben. Die Gerade AC gibt diese Spannungserhöhung in Abhängigkeit vom Lampenstrom I_L wieder. Die Kennlinien f und g gelten für die Lampenströme (I_L) von 40 und 20 A.

An dieser Stelle soll kurz auf die Lampenspannung bei veränderlichem Lampenstrom I_L eingegangen werden (s. S. 88). Durch den Widerstand LW wird ein Spannungsabfall erzeugt, der nach der Geraden AB in Abhängigkeit von I_L verläuft. Dieser Spannungsabfall von der Spannungserhöhung nach der Geraden AC subtrahiert, ergibt die Lampenspannung nach der Geraden AD, unter der Annahme, daß der Ladestrom $I_B = 0$ ist. Die geringfügige Spannungserhöhung zwischen 26,5 bis 27,0 V ist absichtlich vorgesehen, um den Spannungsabfall in den Leitungen bei zunehmendem Lampenstrom auszugleichen. Durch die Einwirkung des Ladestromes I_B nach den Reglerkennlinien (f, g) aber wird eine tatsächliche Lampenspannung eingehalten, die innerhalb der durch die Punkte $f_1 f_2$, $g_1 g_2$ und A begrenzten schraffierten Fläche liegt. Für die Ermittlung der Bezugspunkte auf den Reglerkennlinien f und g

wurden aus der Batteriekennlinienschar (0,00 bis 1,15) die Kurven 0,30 und 0,90 herausgegriffen. Erfahrungsgemäß wird nämlich die Batterie nur selten tiefer entladen. Auch die Ladung steigt bei Beleuchtung meist nicht über 0,9 der Kapazität. Die Lampenspannung wird also in den Grenzen von 24,5 bis 26,0 V gehalten, auch wenn die Lampen bis auf wenige abgeschaltet werden. (Die Glühlampe für Zugbeleuchtung wird in Deutschland für eine Spannung von 25 V gefertigt, wenngleich sie den Stempel 24 V trägt). —

Für die graphische Ermittlung des Ladeverlaufes wird der Lampenstrom gleichbleibend für die ganze Fahrt mit $I_L = 40\,A$ angenommen, so daß die Reglerkennlinie f gilt. Dieselbe entspricht der Kennlinie III (in Abb. 71) für die Tagfahrt. Daher können in der Tabelle 1 für die Spannung U (Zeile 2) und I_B (Zeile 3 und 4) die gleichen Werte genommen werden. Die ganze Standzeit S des Zuges soll 1,5 h betragen. Der Lampenstrom I_L während der Fahrzeit F kann unberücksichtigt bleiben, da er vom Generator geliefert wird. Der Lampenstrom I_L aber, der während der Standzeit S von der Batterie geliefert wird, verringert ihre Kapazität (K). Um diese Kapazitätsentnahme (K_L) wieder auszugleichen, wird in einfacher Weise der Ladewirkungsgrad η in einem entsprechenden Verhältnis herabgesetzt, wodurch sich verlängerte Ladezeiten ergeben.

Es bedeuten:

K_L = Kapazitätsentnahme für die Beleuchtung während der Standzeit $S = 1{,}5\,h$.
K = Nennkapazität der Batterie $(K = 180\,Ah)$.
K_g = aufzubringende Gesamt-Kapazität.
η = 0,9 ist der tatsächliche Ladewirkungsgrad.
η_z = der zusätzliche Wirkungsgrad.
η_g = der Gesamtwirkungsgrad.
$K_L = I_L \cdot S = 40\,\text{A} \cdot 1{,}5\,h = 60\,Ah$.
$K_g = K + K_L = 180\,Ah + 60\,Ah = 240\,Ah$.

$$\eta_z = \frac{K}{K_g} = \frac{180}{240} = 0{,}75.$$

$\eta_g = \eta \cdot \eta_z = 0{,}9 \cdot 0{,}75 = 0{,}67.$

Mit dem Wirkungsgrad $\eta_g = 0{,}67$ werden die Werte I_{Bm} multipliziert und in die Zeile 9 der Tabelle 1 eingetragen. In gleicher Weise wie bei der Tagfahrt werden die Ladezeiten:

$$t = \frac{k}{I_{Bm}\ \eta_g} = \frac{18}{I_{Bm}\,0{,}67}\ \text{(h)}$$

berechnet und in Zeile 10 eingetragen.

In Zeile 11 werden die Zeiten der fortschreitenden Aufladung angeführt. Es ergibt sich für den Lichtbetrieb eine gesamte Ladezeit $T = 6{,}36\,h$.

Nach den Werten der Tab. 1, Zeile 2, 3 und 11, lassen sich ebenfalls die Kurven U/t, I_B/t und K/t für den Lichtbetrieb aufstellen.

Der Einfachheit wegen sind in dem Diagramm des Ladeverlaufes die einzelnen Standzeiten nicht besonders eingezeichnet worden, was für das Endergebnis auch unwesentlich ist. Für die Tagfahrt kann in Übereinstimmung mit dem Fahrdiagramm dies leicht geschehen, in dem die Kurven U/t, I_B/t und K/t während der Standzeit unterbrochen und nach dem Wiederanfahren des Zuges mit den gleichen Werten fortgesetzt werden.

Umständlicher ist jedoch die Berücksichtigung der Standzeiten bei Lichtbetrieb, da während jeder Standzeit der Ladezustand der Batterie durch die Stromentnahme für die Beleuchtung vermindert wird. Hier ist es nicht möglich, die entnommene Kapazität durch Herabsetzen des Wirkungsgrades auszugleichen, vielmehr muß die Rechnung mit dem tatsächlichen Wirkungsgrad $\eta = 0{,}9$ durchgeführt werden. Da während einer Standzeit s die Kapazität der Batterie um den Betrag $k_L = I_L s\,(Ah)$ sinkt, geht man auf diesen Punkt der Kurve K/t zurück und legt durch ihn eine Senkrechte, die auf den Kurven U/t und I_B/t neue Bezugspunkte anschneidet. Mit diesen neuen Werten setzt man nach Ablauf der Standzeit die Kurven U/t, I_B/t und K/t fort. So erhält man ein Ladediagramm, das mit guter Annäherung der Auswertung einer praktisch ausgeführten Probefahrt gleichkommt.

E. Magnetische Regelung für Zugbeleuchtung.

Schon seit Beginn der Entwicklung der elektrischen Beleuchtung mit Achsgenerator war das Bestreben darauf gerichtet, das selbsttätige Arbeiten der Anlage ohne elektromechanische Geräte zu bewerkstelligen.

So hat man bei der ersten Bauart GEZ den Querfeldgenerator, der von sich aus alle Betriebsbedingungen für den Achsantrieb erfüllt, angewendet. Der Querfeldgenerator war über eine elektrolytische Sperrzelle (Aluminiumzelle) mit der Batterie parallel geschaltet. Die Sperrzelle verhindert das Auftreten eines Rückstromes bei Stillstand des Generators. Diese Anordnung, bei welcher absichtlich mechanische Schalter und Regler vermieden wurden, ist nach Angaben von

Dr. MAX BÜTTNER im Jahre 1904/05 vorgeschlagen und eingebaut worden. Der Feldstrom des Querfeldgenerators wurde durch Eisenwasserstoffwiderstände geregelt. Der Brennstrom jeder einzelnen Lampe wurde mit Hilfe eines vorgeschalteten Eisenwasserstoffwiderstandes unabhängig von der Batterieladespannung gleichgehalten.

Trotzdem diese erste Bauart GEZ sich als hinreichend betriebssicher erwiesen hat, wurde doch später die Aluminiumzelle durch einen elektromechanischen Rückstromautomaten ersetzt, da die Unterhaltung dieser elektrolytischen Sperrzelle zu umständlich war.

Unter Anwendung eines Querfeldgenerators, dessen Feld in Brückenschaltung mit einem nichtlinearen Widerstand gesteuert wird, ist es ohne weiteres möglich, eine Anordnung zu treffen, bei der keine elektromechanischen Regler oder Relais vorhanden sind. Als Sperrzelle zwischen Generator und Batterie würde selbstverständlich ein Einwegtrockengleichrichter vorgesehen werden.

Auch der Gedanke, an Stelle eines Gleichstromgenerators einen Wechselstromgenerator von der Wagenachse aus anzutreiben, ist nicht neu und wird schon in älteren Patentschriften erwähnt. Praktisch ausgeführt wurde eine solche Anlage für Güterzuggepäckwagen der DR in den Jahren nach 1930[1]. Von der Wagenachse aus wurde ein Wechselstromgenerator über ein Zahnradvorgelege angetrieben und lieferte einen Wechselstrom veränderlicher Frequenz, welche bei hoher Zuggeschwindigkeit bis auf 600 Hz anstieg.

Ohne besondere elektromechanische Mittel, lediglich durch den mit Frequenzsteigerung zunehmenden Wechselstromwiderstand in der Wicklung des Generators, der Transformatoren und Vorschaltwiderstände wurde erreicht, daß die Spannung und Leistung des Generators unabhängig von der Drehzahländerung in den zulässigen Grenzen blieb. Einige Hilfsrelais konnten jedoch nicht entbehrt werden.

Dieses System, dessen technischer Aufbau ziemlich kompliziert war, hat keinen Eingang finden können, weil die Anschaffungs- und Unterhaltungskosten sich als unwirtschaftlich hoch herausstellten.

Auf anderen elektrotechnischen Gebieten und vor allem auf dem Gebiet der Steuerung und Drehzahlregelung von Motoren sowie der Leistungsregelung von Generatoren findet in letzter Zeit die transduktorische Regelung ein großes Anwendungsgebiet.

---

[1] Siehe WÖLKE: Die elektrische Beleuchtung von Eisenbahnfahrzeugen bei der Deutschen Reichsbahn, Seite 180.

1. Prinzip der magnetischen Reglung.

Unter magnetischer oder transduktorischer Regelung versteht man die Verwendung von durch Gleichstrom vormagnetisierten Eisendrosseln, deren Wechselstromwiderstand sich je nach dem Grad der Vormagnetisierung verändern läßt. Abb. 74 zeigt die Prinzipschaltung einer Regeldrossel. Dieselbe wird stets als Doppeldrossel ausgeführt, wobei die beiden Wechselstromwicklungen $a\,b$ miteinander parallel, die Gleichstrom-Steuerwicklungen $c\,d$ aber in Reihe geschaltet sind. Dies muß geschehen, damit die in den Gleichstromwicklungen induzierten Wechselspannungen sich gegenseitig wieder aufheben.

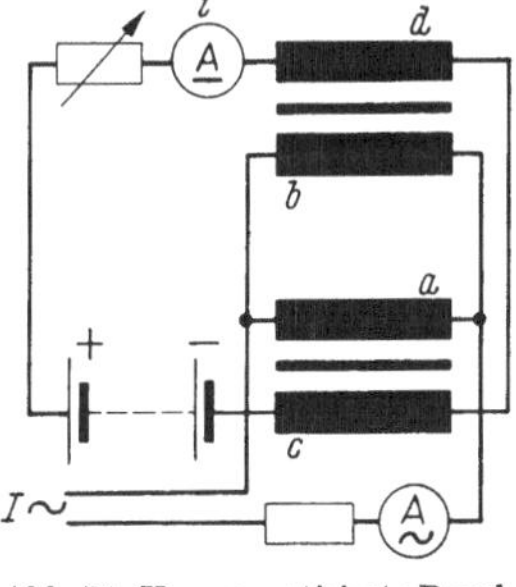
Abb. 74. Vormagnetisierte Regeldrossel in Prinzipschaltung.

Eine Eisendrossel hat für Gleichstrom nur den ohmschen Widerstand R, der durch die Kupferwicklung gegeben ist. Wenn jedoch Wechselstrom über die Eisendrossel geleitet wird, so wächst ihr Gesamtwiderstand W beträchtlich an, und zwar um den Betrag ωL; denn

$$W = R \,\hat{+}\, \omega L$$

wobei $\omega = 2\,\pi\,.\,f$ die Kreisfrequenz und L die Induktivität der Drossel bedeutet.

Während die Größe R konstant bleibt, ändert sich der Wert ωL proportional mit der Frequenz f oder mit der Induktivität L. Diese ist von der Eisenmasse, der Güte des Eisens und der Bauart der Drossel abhängig. Bei vollständiger Sättigung der Eisendrossel wird L sehr klein. Die Induktivität kann also durch den Grad der Gleichstromvormagnetisierung verändert werden. Auf diese einfache Weise läßt sich der Widerstand W von $W = R\,\hat{+}\,\omega L$ max. bis $W = R\,\hat{+}\,\omega L$ min. ändern. Die Frequenz wird hierbei als gleichbleibend angenommen.

Diese Überlegung zeigt, daß der Wechselstrom J bei wachsendem Steuerstrom i größer und bei abnehmendem Steuerstrom i kleiner wird.

Diese einfache Anordnung der Magnetverstärkung nach Abb. 74 ist jedoch wenig wirkungsvoll, da die benötigte Gleichstromsteuerleistung verhältnismäßig groß sein muß.

Diese Steuerleistung kann bedeutend kleiner sein, wenn der Magnetverstärker mit der Selbstsättigungsschaltung betrieben wird. Abb. 75 zeigt diese Schaltung.

Über die Wicklung $a\,b$ der Drossel fließt kein Wechselstrom, sondern ein pulsierender Gleichstrom, der durch die beiden Sperrzellen s entsteht. Dadurch wird eine Selbstsättigung der Drossel erreicht, so daß schon ein geringer Gleichstrom für die Aussteuerung der Drossel genügt. Der Verstärkungsfaktor wird somit wesentlich erhöht.

In Abb. 76 wird eine Regelanordnung auf konstante Spannung gezeigt. Die Regeldrossel besitzt zwei, sich in ihrer Wirkung aufhebende

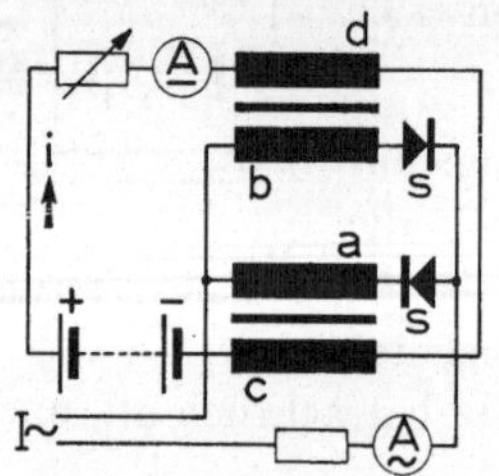

Abb. 75. Vormagnetisierte Regeldrossel mit Selbstsättigung.

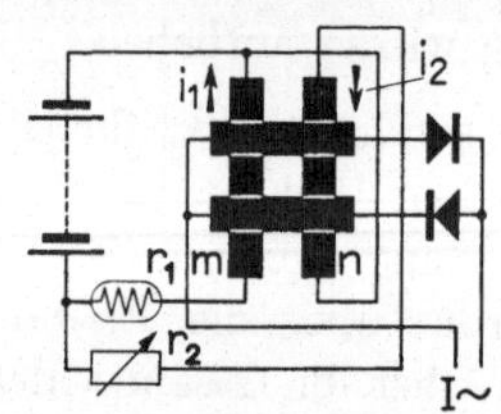

Abb. 76. Magnetische Regelung in Prinzipschaltung.

Steuerwicklungen m und n. Die Regeldrossel ist in der gebräuchlichen schematischen Darstellung gezeichnet.

Die Wicklung m wird über einen Eisenwasserstoffwiderstand r_1 von dem gleichbleibenden Strom, i_1 durchflossen. Die Wicklung n dagegen wird von dem Strom i_2 erregt, der von der veränderlichen Batteriespannung abhängt und durch den Justierwiderstand r_2 auf den günstigen Wert eingestellt ist.

Der Differenzwert i_2-i_1 bewirkt also die Aussteuerung der Regeldrossel. An Stelle eines Eisenwasserstoffwiderstandes kann auch einer der bekannten nichtlinearen Widerstände gesetzt werden.

Mit Regeldrosseln in dieser und ähnlichen Schaltungen läßt sich eine ruhende Regelung unter Vermeidung elektro-mechanisch betätigter Teile erreichen. Es ist naheliegend, daß man diese neuen technischen Möglichkeiten auch bei der Regelung des Achsgenerators auszunützen versucht. Bisher haben besonders zwei Anordnungen der transduktorischen Regelung Interesse gefunden:

2. Lichtanlage mit Drehstromgenerator.

Bei der *ersten* Anordnung wird der Achsgenerator als eine Drehstrommaschine ausgeführt[1].

Infolge der mit der Drehzahl veränderlichen Frequenz arbeitet der Drehstromgenerator von einer bestimmten Drehzahl ab auf gleichbleibende Stromstärke. Am Ende der Batterieladung muß jedoch der Ladestrom auf einen unschädlichen Wert selbsttätig vermindert werden. Dies geschieht über eine gleichstromvormagnetisierte Regeldrossel in Verbindung mit einem Eisenwasserstoffwiderstand. Dabei wird der Feldstrom als Drehstrom von dem Anker des Generators abgezweigt, durchläuft die Regeldrossel und wird über einen besonderen Gleichrichtersatz der Feldwicklung zugeführt. Durch einen Trockengleichrichter entsprechender Größe wird der vom Achsgenerator abgegebene Drehstrom für die Batterieladung umgeformt.

Die beschriebene Bauart ist für die Speisung eines Beleuchtungsnetzes mit Leuchtstofflampen bestimmt. Durch einen Einankerumformer wird der Batteriegleichstrom in Wechselstrom von 220 V Spannung umgeformt.

Vor jeder Leuchtstofflampe ist zusätzlich noch eine Regeldrossel angeordnet. Alle Regeldrosseln stehen über eine Ringleitung miteinander in Verbindung und werden über einen gemeinsamen Eisenwasserstoffwiderstand bzw. einen Einstellwiderstand vorerregt. Dadurch wird eine Regelung auf konstanten Brennstrom der Leuchtstofflampe, und zwar unabhängig von der veränderlichen Wechselspannung des Umformers erreicht.

Zweifellos zeigt diese Bauart eine interessante Ausführungsform der Zugbeleuchtung. Die wirtschaftlichen Gesichtspunkte, bei denen die Betriebssicherheit, die Anschaffungs- und Unterhaltungskosten besonders ins Gewicht fallen, werden für die künftige Einführung dieser Bauart ausschlaggebend sein.

3. Lichtanlage mit Gleichstromgenerator.

Von einigen deutschen Fachfirmen für Zugbeleuchtung wird zur Zeit an *einer zweiten* Art der magnetischen Regelung eines Achsgenerators gearbeitet. In der Grundidee sind diese verschiedenen technischen

---

[1] Diese Lichtanlage mit Leuchtstofflampen ist in dem Aufsatz der ETZ (A, H. 2 vom 11. Januar 1954) von L. Schön und Th. Höwer, Essen, „Eine neue Zugbeleuchtung" eingehend beschrieben.

Lösungen miteinander übereinstimmend. In Abb. 77 ist eine Anordnung im Prinzip gezeigt.

Von dem Gleichstrom-Achsgenerator wird für die Felderregung Wechselstrom über Schleifringe abgenommen. Derselbe wird über eine Regeldrossel geleitet, durch einen Trockengleichrichter in Gleichstrom umgeformt und der Feldwicklung f des Achsgenerators wieder zugeführt.

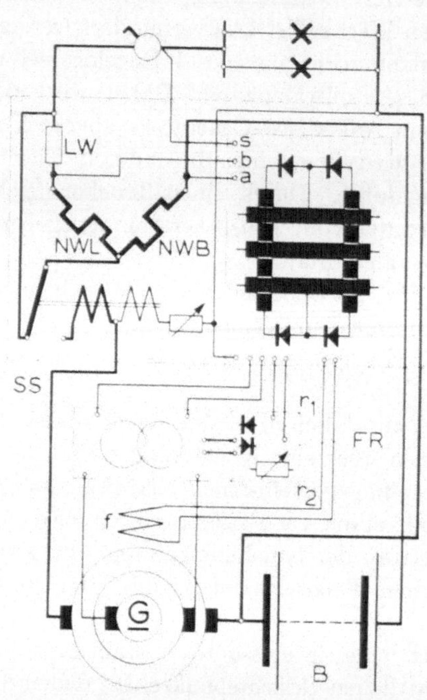

Abb. 77. Magnetische Regelung für Achsgeneratoren.

SS ist der elektromechanische Selbstschalter und LW der Lampenwiderstand.

FR ist der ruhende Feldreglersatz nach dem magnetischen Verstärkerprinzip arbeitend. Die Spannungsregelung erfolgt durch Differenzwirkung zwischen dem Stromkreis mit dem nichtlinearen Widerstand r_1 und dem Stromkreis mit dem Justierwiderstand r_2. In Abhängigkeit von dem Spannungsunterschied zwischen den Nebenwiderständen NWB und NWL, der an den Klemmen a, b liegt, wird die Generatorleistung und die Ladestromstärke im Verhältnis zur Netzlast geregelt. An der Klemme s wird die Regelung auf Tagfahrt oder Lichtbetrieb umgestellt.

Diese zweite Ausführungsform rückt nicht so weit von den traditionellen Bauarten der Zugbeleuchtung ab; denn es wird nur der elektromechanische Feldregler durch einen ruhenden Reglersatz ersetzt.

Alle übrigen technischen Merkmale, wie Selbstschalter, die Vorkehrung für die Gleichhaltung der Lampenspannung, wozu auch die Änderung der Regelspannung zwischen Tagfahrt und Lichtbetrieb zu rechnen ist, werden beibehalten.

Auch der Gleichstromgenerator bleibt in seinem bisherigen Aufbau und in den Gesichtspunkten seiner Berechnung und Konstruktion praktisch unberührt. Die Notwendigkeit, daß für die Abnahme des

Wechselstromes der Anker mit Schleifringen, u. U. auch mit einer zusätzlichen Wicklung ausgerüstet werden muß, kann vielleicht anfangs die Einführung einer solchen Bauart hemmend beeinflussen, da der magnetische Regler nicht freizügig auch für die vorhandenen Gleichstromgeneratoren ohne Schleifringe anwendbar ist.

Trotzdem kann der Vorteil des ruhenden Feldreglers nach dem magnetischen Prinzip schon dazu beitragen, daß dieses System allmählich eine breite Anwendung findet.

II. Fluoreszenzbeleuchtung in Eisenbahnfahrzeugen.

Dank der hohen Lichtausbeute hat die Leuchtstofflampe in den letzten zehn Jahren eine schnelle Entwicklung und Einführung gefunden. Bis vor kurzem war die Glühlampe die am meisten angewandte elektrische Lichtquelle. Als Wärmestrahler sendet der Glühdraht eine Strahlung aus, die zum großen Teil im infraroten Bereich des Spektrums liegt, während nur ein kleiner Teil als sichtbares Licht abgegeben wird. Eine Lichtquelle mit hohem Wirkungsgrad findet man in der Gasentladungslampe. So wurde z. B. die Natriumlampe (gelbes Licht) und die Quecksilber-Dampflampe (blaues Licht) entwickelt. Diese Lampen können auf Grund des unangenehmen einfarbigen Lichtes nur für Straßen- oder Fabrikbeleuchtung angewendet werden.

1. Die Leuchtstofflampe für Niederspannung.

Die Leuchtstofflampe ist ebenfalls eine Gasentladungslampe, bei welcher die elektrische Entladung im Quecksilberdampf kurzwellige ultraviolette Strahlen, die nicht sichtbar sind, aussendet. Diese kurzwellige Strahlung wird, wenn sie auf den an der Innenseite des Rohres angebrachten Leuchtstoff trifft, in sichtbares Licht von längerer Wellenlänge umgeformt, indem der Leuchtstoff zum Fluoreszieren angeregt wird. Durch die chemische Zusammensetzung des Leuchtstoffes läßt sich die Farbe des Lichtes beliebig verändern (Farbabstufung von Tageslicht über reinweißes bis zu rötlichem Licht).

Die Leuchtstofflampe besteht aus einem Glasrohr, das an beiden Enden die Elektroden trägt. Jede Elektrode besteht im wesentlichen aus einer Doppelwendel aus Wolfram, die mit Ba- und Sr-Oxyden überzogen ist. Durch den kurzzeitigen Heizstrom vor der Zündung wird die

Wendel auf höhere Temperatur gebracht und damit eine Vorionisierung erreicht, die dann zur Zündung der Lampe führt. Bei der Gasentladung bewegen sich die Elektronen zwischen den beiden Elektroden und stoßen auf ihrem Wege mit den Quecksilberatomen zusammen, wodurch die erwähnte ultraviolette Strahlung hervorgerufen wird.

Die Elektroden arbeiten bei Wechselstromspeisung als Kathode und Anode. Die Anode erwärmt sich stärker als die Kathode. Die Elektroden sind jedoch so ausgebildet, daß eine zu hohe Erwärmung der mit Oxyd bedeckten Heizwendel vermieden wird. Die Lampe ist luftleer, jedoch mit einigen Millimetern Argon und einem Tropfen Quecksilber ge-

Abb. 78. Leuchtstofflampe mit Fassung und Starter.

füllt und abgeschmolzen. An jedem Ende ist der Lampensockel aufgesetzt, wobei die aus der Röhre kommenden Drähte an die am Sockel angebrachten Kontaktstifte angelötet sind. Die Leuchtstofflampe wird für den Betrieb in zwei federnde Fassungen eingesetzt. Eine der beiden Fassungen enthält in der Regel den Starter, der leicht ausgewechselt werden kann. Abb. 78 zeigt eine Leuchtstofflampe mit zwei Fassungen, von denen eine den Glimmstarter trägt.

Durch die Form der Rohre — wie z. B. lange oder kurze, U-förmige oder kreisrunde Rohre von verschiedenen Durchmessern — ergeben sich viele Möglichkeiten der künstlerischen Ausgestaltung von Innenräumen. Die verschiedenen Typen der Leuchtstofflampen sind im Anhang, Seite 154, aufgeführt.

Bei der elektrischen Beleuchtung von Eisenbahnfahrzeugen mit Glühlampen kann man infolge der geringen Lichtausbeute (10 bis 15 Lumen/Watt) nur eine Beleuchtungsstärke von 40 bis 50 Lx am Platze des Reisenden erreichen. Wenn eine stärkere Beleuchtung erzielt werden soll, muß die Leistung des Achsgenerators und der Batterie unwirtschaftlich hoch gewählt werden. Durch die Anwendung der Leuchtstofflampe mit ihrer günstigen Lichtausbeute (40 bis 55 Lumen/ Watt) ist es möglich, bei gleichgroßem Achsgenerator und gleichgroßer Batterie wie bisher eine zwei- bis dreifach höhere Beleuchtungsstärke am Platz des Reisenden zu erzielen.

Die Zugbeleuchtungsanlage mit Achsgenerator und Batterie arbeitet mit Gleichstrom und meist mit einer niedrigen Spannung von 24 oder 32 V. Um eine Fluoreszenzbeleuchtung anwenden zu können, ist es erforderlich, entweder den Gleichstrom auf Wechselstrom normaler Spannung (220 Volt) umzuformen oder die Spannung des Achsgenerators und der Batterie auf eine für den Betrieb von Gleichstrom-Leuchtstofflampen geeignete Spannung zu erhöhen (z. B. 64, 72 oder 110 V).

Wenn auch die Leuchtstofflampe im überwiegenden Maße für Wechselstrom gefertigt wird, so gibt es auch einige Typen, die mit Gleichstrom betrieben werden können. Die nachfolgende Betrachtung soll die Betriebseigenschaften sowie die Vor- und Nachteile erläutern, welche für die Wahl von Wechsel- oder Gleichstrom für Leuchtstofflampen gelten:

a) Leuchtstofflampe für Wechselstrom.

Die Leuchtstofflampe hat bekanntlich eine negative Stromspannungscharakteristik. Infolge der zunehmenden Ionisation der Entladungsstrecke steigt bei abnehmender Spannung der Lampenstrom an. Damit derselbe den zulässigen Wert nicht überschreitet, muß ein Strombegrenzer oder Stabilisierungsglied der Leuchtstofflampe vorgeschaltet werden. Für Wechselstrom wird zweckmäßigerweise eine Drosselspule in Kombination mit einem Kondensator angewendet, wobei die Verluste infolge der wattlosen Regelung in der Drossel verhältnismäßig niedrig sind. Die einfache Schaltung der Leuchtstofflampe mit induktivem Vorschaltgerät, Phasenkompensation und Glimmstarter, zeigt Abb. 79. Bei *a* besitzt die Drossel eine Doppelwicklung, bei *b* eine einfache Wicklung. Beide Ausführungen sind gebräuchlich. Die Zündung der Leuchtstofflampe geht wie folgt vor sich:

Der Glimmstarter ist eine kleine Glimmlampe, bei der eine oder beide Elektroden aus einem Bi-Metallstreifen bestehen. Nach dem Einschalten erfolgt eine Entladung über die Glimmstrecke *a*, wodurch sich der Bi-Metallstreifen erwärmt und durchbiegt. Dabei werden die Kontakte $b_1\,b_2$ geschlossen, die beiden Heizwendeln *d* der Leuchtstofflampe

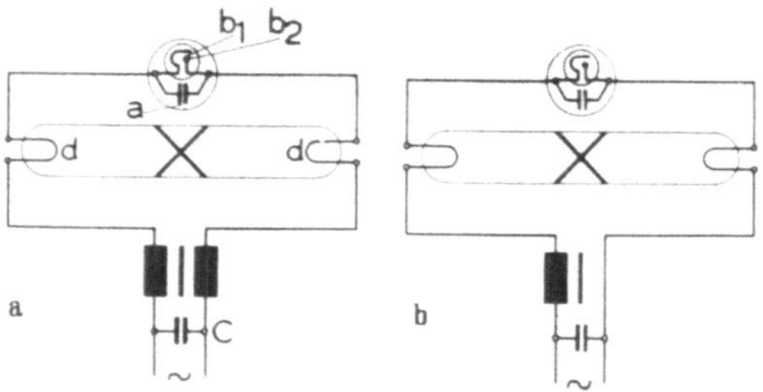

Abb. 79 a u. b. Schaltung der Leuchtstofflampe mit Starter.

werden durch den einsetzenden kräftigen Strom angeheizt. Infolge Fortfall der Glimmentladung kühlt sich der Bi-Metallstreifen ab, wodurch sich die Kontakte $b_1 b_2$ öffnen. Der Strom wird unterbrochen, wodurch eine induktive Überspannung an den Elektroden der Leuchtstofflampe auftritt, so daß die Lampe zündet. Wenn die Lampe brennt, ist die Brennspannung niedriger als die Netzspannung. Den Spannungsunterschied nimmt die Drossel auf und hält so den Lampenbrennstrom auf der richtigen Höhe. Der Kondensator c dient zur Verbesserung des Leistungsfaktors (cos φ). Außer dieser einfachen Zündschaltung sind noch viele andere Schaltungen, z. B. mit Glühdrahtzündern usw., entwickelt worden.

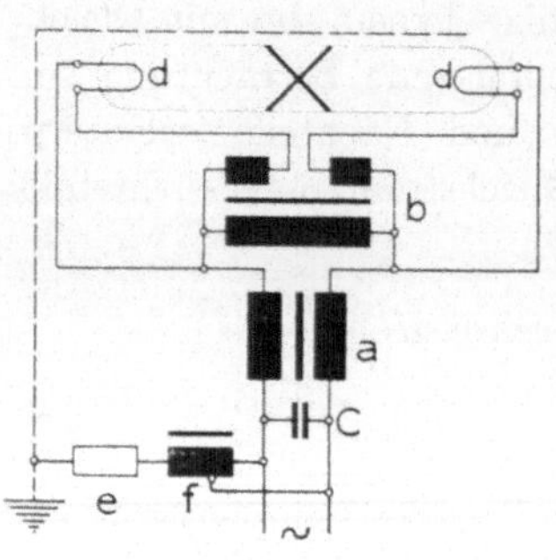

Abb. 80. Schaltung der Leuchtstofflampe für Sofortzündung.

Es gibt ferner Schaltungen von Leuchtstofflampen mit Sofortzündung. Von der Deutschen Bundesbahn wird für die Beleuchtung von Eisenbahnfahrzeugen mit Leuchtstofflampen eine starterlose Schnellzündung angewendet. Diese Schaltung ist in Abb. 80 wiedergegeben.

Die Leuchtstofflampe wird über die Vorschaltdrossel a mit dem Heiztrafo b an das Wechselstromnetz gelegt. Die Heizwendeln d der Leuchtstofflampe liegen an den beiden Sekundärwicklungen des Heiztrafos b und werden erhitzt, so daß die Leuchtstofflampe zündet. Der Brennstrom fließt dann direkt über die Lampe, wodurch die Heizwendeln d entlastet werden. Im Beleuchtungskörper liegt nahe an der Leuchtstofflampe der Reflektor, der als Zündhilfe dient. Der Beleuchtungskörper ist an Masse gelegt. Durch den Transformator f, dessen Primärwicklung an das Wechselstromnetz angeschlossen ist, wird über einen hochohmigen Widerstand e eine statische Spannungsdifferenz zwischen dem Wechselstromnetz und der Masse der Beleuchtungskörper geschaffen.

Wenn auch bei dieser Schaltung infolge der Dauerheizung der Elektroden die Leistungsaufnahme der Leuchtstofflampe gegenüber der Schaltung mit Glimmstarter um ein Geringes höher liegt, so hat sich diese Schaltung gerade für den Eisenbahnbetrieb als brauchbar erwiesen. Die im praktischen Betrieb erzielte Lebensdauer der Lampe ist günstig. Der Vorteil dieser Anordnung besteht neben der Sofortzündung auch darin, daß der Glimmstarter, der hin und wieder zu Störungen Veranlassung geben kann, wegfällt und damit die Überwachung der Anlage erleichtert wird.

In der Entwicklung der Leuchtstofflampe ist jetzt ein neuer Typ, nämlich die Rapid-Start-Lampe, erschienen, deren Zündschaltung der obenbeschriebenen ähnlich ist. Wenn sich diese Lampe auch in Deutschland weiter einführen sollte, so sind die letzten Einwände, die gegen diese Schaltung angeführt werden können, beseitigt.

b) Leuchtstofflampe für Gleichstrom.

Auch bei Gleichstromspeisung muß der Leuchtstofflampe ein Stabilisierungswiderstand vorgeschaltet werden, damit der Brennstrom nicht unzulässig hohe Werte annimmt. Der Stabilisator als ohmscher Widerstand ist meist stark temperaturabhängig, so daß er im kalten Zustand einen geringeren Widerstand aufweist, als im warmen Zustand. Auch kann eine Glühlampe passender Bemessung als Vorwiderstand angewendet werden. Bei Gleichstrom wird in dem Vorschaltgerät etwa die Hälfte der Netzspannung vernichtet, so daß die Verluste gegenüber dem Wechselstrom beträchtlich sind.

Die Schaltung einer Leuchtstofflampe für Gleichstrom von *Philips* ist in Abb. 81 wiedergegeben. Durch kurzzeitiges Einschalten mittels Druckknopf *1* wird die Heizwendel aufgeheizt, so daß die Lampe zündet. Von da ab fließt der Brennstrom vom positiven Netzleiter über den Druckknopf *2*, den Stabilisierungswiderstand *3* und durch die Lampe zum negativen Netzleiter. Wenn die Lampe gelöscht werden soll, wird durch den Druckknopf *2* der Brennstromkreis der Lampe unterbrochen. Die Elektroden kühlen schnell ab, so daß die Lampe nicht wieder zündet.

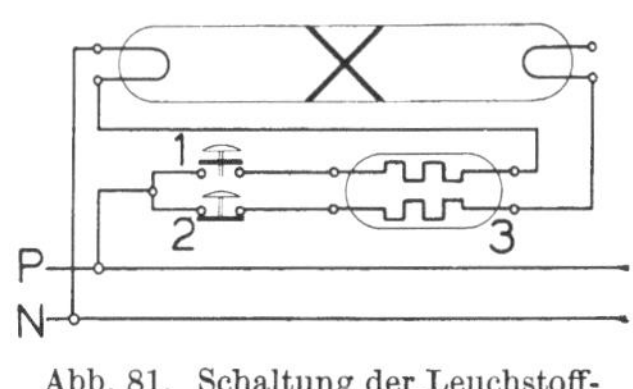
Abb. 81. Schaltung der Leuchtstofflampe für Gleichstrom.

Für die Beleuchtung in Eisenbahnwagen hat *Philips* eine Leuchtstofflampe für die niedrige Spannung von 72 V herausgebracht. Die Lichtausbeute dieser Lampe ist jedoch infolge der niedrigen Spannung gering und beträgt unter Einrechnung der Verluste im Stabilisator etwa 18 bis 25 lm/W. Die Stromquelle, bestehend aus Achsgenerator und Batterie, muß für eine Spannung von 72 V ausgelegt werden.

c) Vor- und Nachteile.

Die Vorteile der Gleichstromlampe gegenüber der Wechselstromlampe sind flimmerfreies und ruhiges Licht. Doch wird auch bei der Wechselstromlampe ein absolut flimmerfreies Licht auf Fahrzeugen erreicht, wenn die Frequenz 100 Hz und höher gewählt wird. Bei der Frequenz 50 Hz besteht die Gefahr, daß ein Lichtflimmern wahrgenommen wird, wenn bei niedriger Batteriespannung die Drehzahl und damit die Frequenz des Umformers oder Wechselrichters kleiner wird.

Die Nachteile der Gleichstromlampe jedoch sind geringere Lichtausbeute, kürzere Lebensdauer (etwa 80% der Leuchtstofflampen in Wechselstromanlagen), Gefahr der vorzeitigen Schwärzung der Röhrenenden, wenn nicht in gewissen Zeitabständen die Leuchtstofflampen umgepolt werden.

Die Gleichstromlampe findet in Fahrzeugen auf elektrischen Bahnen bevorzugt Anwendung, wenn sie direkt aus dem Fahrdraht gespeist wird, der Gleichstrom hoher Spannung führt. Dies ist in der Regel bei Straßenbahnen, Untergrundbahnen und Überlandbahnen sowie bei Oberleitungs-Omnibussen usw. der Fall. Der Wirkungsgrad der Lampen spielt hier nur eine untergeordnete Rolle.

In der nebenstehenden Tabelle 2 wird ein Vergleich zwischen Glühlampenbeleuchtung und Fluoreszenzbeleuchtung für Gleich- und Wechselstrom angestellt.

2. Gleichstrom-Wechselstromumformung.

Die erheblichen Vorteile der mit Wechselstrom gespeisten Leuchtstofflampen haben dazu geführt, daß in überwiegendem Maße auch bei der Beleuchtung mit Achsgenerator und Batterie Gleichstrom niedriger Spannung in Wechselstrom von der normalen Spannung 220 V umgeformt und für die Speisung verwendet wird. Dabei können rotierende Umformer, die mit einem Wirkungsgrad von 60 bis 65% arbeiten, angewendet werden.

a) Umformer.

Der rotierende Umformer ist entweder ein Motorgenerator oder ein Einankerumformer mit Transformator. Als Motorgenerator wird der mit getrenntem Feld für den Gleich- und Wechselstromteil vorgezogen, wodurch eine selbsttätige Regelung auf konstante Frequenz und Wechselspannung möglich ist. Umformer kleiner Leistung können direkt vom Lichthauptschalter eingeschaltet werden, wenn ihr Anlaufstrom die zulässige Belastbarkeit des Schalters nicht übersteigt. Umformer größerer Leistung müssen jedoch über einen selbsttätigen Anlasser

Tabelle 2.

| | | Glühlampe | | Leuchtstofflampe für Gleichstrom | | Leuchtstofflampe für Wechselstrom | | | |
						Umformer		Turbowechselrichter	
1	Lampenspannung V	24	24	72	105	220	220	220	220
2	Lampenleistung W	25	40	15	20	25	40	25	40
3	Leistung einschl. Vorschaltgerät W	—	—	24	37	31	49	31	49
4	Lichtstrom in lm/W	300	540	600	900	1300	2400	1300	2400
5	Lichtausbeute in lm/W	12	13,5	25	24,3	42	49	42	49
6	Gesamtwirkungsgrad von Umformer und Umspannung %	—	—	—	—	60—65	60—65	85	85
7	Leistungsaufnahme je Lampe aus der Zuglichtanlage W	25	40	24	37	52—48	81—75	37	58
8	Lichtausbeute der Lampe lm/W bezogen auf Werte in Spalte 4 und 7 lm/W	12	13,5	25	24,3	25—27	30—32	35	42

eingeschaltet werden, wobei durch stromabhängige Schütze Widerstände vorgeschaltet und stufenweise kurzgeschlossen werden.

Die Regelung des Feldstromes kann durch einen selbsttätigen elektromechanischen Feldregler (Kohleregler, Bandregler usw.) oder auch — wenn keine so großen Ansprüche an den Genauigkeitsgrad gestellt werden — durch eine Kombination von temperaturabhängigen Widerständen, die in den Feldstromkreis gelegt werden, erfolgen.

Im allgemeinen kommt man auch gut ohne eine Regelung aus, vor allem dann, wenn der Umformer oder Wechselrichter an die Klemme $+L$

des Reglergerätes angelegt wird, an der sonst das Glühlampennetz liegt, so daß er keine Spannung über 26 V erhält. Der veränderliche Spannungsbereich ist somit nach oben eingeengt.

Die Leuchtstofflampe kann eine Spannungsänderung $\pm 10\%$ noch vertragen. Da sich die Wechselspannung etwa im gleichen Verhältnis wie die Eingangsgleichspannung ändert, kann man auch für letztere den Bereich $\pm 10\%$ zulassen. Somit ergibt sich für die Eingangsgleich-

Abb. 82. Einankerumformer von *Bosch*.

spannung eine mögliche Abweichung von 21,1 bis 25,9 V bei einem Mittelwert von 23,5 V.

Die Deutsche Bundesbahn hat schon eine große Anzahl Personenwagen mit Leuchtstofflampen ausgerüstet. Zuerst wurde in einigen Wagen als Umformer der Motorgenerator angewendet, welcher den Gleichstrom unmittelbar auf 220 V Wechselstrom umformte. Da dieser jedoch zu schwer und zu teuer war, wurden die folgenden Anlagen mit einem leichten Einankerumformer (Abb. 82) ausgerüstet. Der Umformer wird von der Firma *Bosch*, Stuttgart, geliefert. Seine Frequenz beträgt 150 Hz, neuerdings auch 100 Hz (s. Anhang, S. 174 und 175).

Versuchsweise wurde auch eine Anzahl Wagen mit einem Einankerumformer bestückt, dessen Ausgangswechselspannung mit 16 V an jede einzelne Lampe herangeführt wurde. Diese erhielt als Vorschaltgerät einen kleinen Streutransformator, der für die Lampe 220 V Spannung abgab. Die Zündung der Lampe wurde durch eine Resonanzschaltung (LC-Schaltung) bewirkt, wobei die Leuchtstofflampe sofort zündet.

Diese Anordnung hat sich jedoch als nicht vorteilhaft und betriebssicher erwiesen. Daher ging man auf eine Schaltung über, bei welcher an den Einankerumformer ein Doppeltransformator angeschlossen wird, von dem die Wechselspannung 220 V in zwei getrennten Stromkreisen abgenommen wird. Der Umformer mit Transformator ist in einem Behälter unter dem Wagen untergebracht. Die Leuchtstofflampen haben die beschriebene Schaltung nach Abb. 80, bei der eine Sofortzündung erreicht wird.

b) Wechselrichter.

In neuerer Zeit wurde die technische Entwicklung darauf gerichtet, Wechselrichter mit einem erheblich günstigeren Wirkungsgrad bei einer Leistung von 0,5 bis 3 kVA zu schaffen.

Schwingwechselrichter werden bisher nur für kleinere Leistungen (bis 150 VA, 220 V Wechselstrom, 100 Hz, und Gleichspannungen von 6 bis 24 V) gefertigt. Für größere Leistungen konnte bisher ein Schwingwechselrichter noch nicht betriebssicher herausgebracht werden. Der Wirkungsgrad dieser Schwingwechselrichter liegt zwischen 85 bis 90%. Abb. 83 zeigt die Schaltung eines Schwingwechselrichters. Von einem Schwingwechselrichter können etwa drei bis vier Leuchtstofflampen zu je 25 W betrieben werden. Für die Beleuchtung eines Eisenbahnfahrzeuges müssen daher mehrere Wechselrichter mit getrennten Lampenstromkreisen vorgesehen werden. Dabei tritt die Schwierigkeit auf, daß bei ungünstiger Verteilung der Leuchtstofflampen in einem Raum, die an verschiedenen Schwingwechselrichtern angeschlossen werden, Beleuchtungsschwebungen entstehen können, die durch geringe Frequenzunterschiede der einzelnen Wechselrichter hervorgerufen werden. Wenn zwei

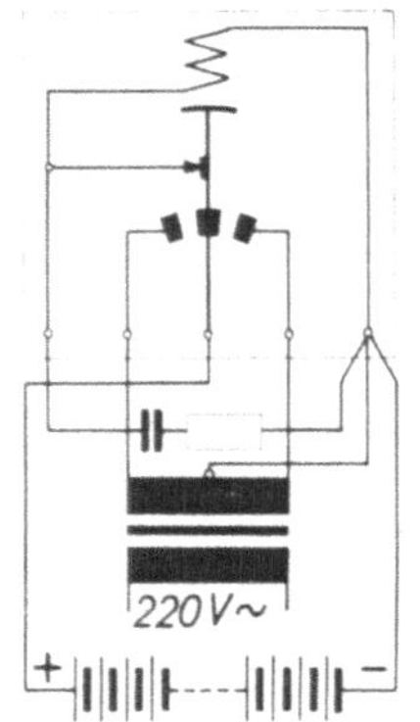

Abb. 83.
Prinzipschaltung eines
Schwingwechselrichters.

Schwingwechselrichter aus einer Stromquelle gespeist werden, sind besondere Ausgleichsmittel vorzusehen, da sonst unzulässige Schwebungen und Unregelmäßigkeiten durch den Parallelbetrieb der Wechselrichter entstehen können.

An dieser Stelle soll kurz die Verwendung des Schwingwechselrichters (Zerhackers) für den Anschluß von elektrischen Rasierapparaten mit 110 oder 220 V Wechselspannung erwähnt werden.

Von der AEG ist in Zusammenarbeit mit der GEZ ein rotierender Wechselrichter *(Turbowechselrichter)*

Abb. 84. Turbowechselrichter (GEZ/AEG).

herausgebracht worden, der Gleichstrom niedriger Spannung in Wechselstrom 220 V bei einem Wirkungsgrad von etwa 85% umformt. Die

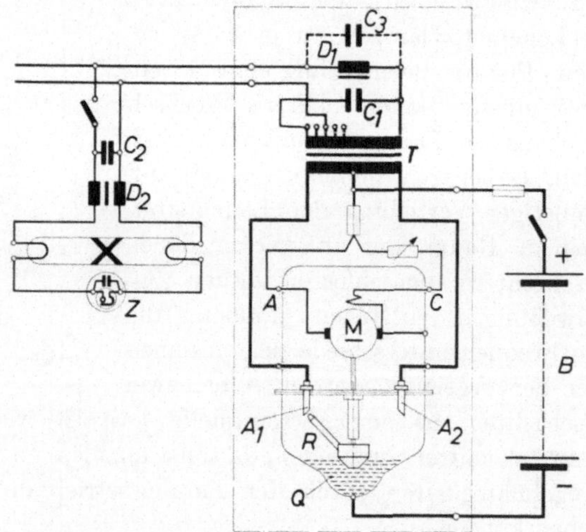

Abb. 85. Schaltung des Turbowechselrichters.

Wechselstromleistung konnte bisher auf 1,5 kVA bei 24 V Eingangsgleichspannung und 3 kVA bei 110 V gebracht werden, so daß mit einem Gerät ein Eisenbahnpersonenwagen jeglicher Bauart mit hohem Beleuchtungskomfort ausgestattet werden kann. Abb. 84 zeigt den Turbowechselrichter.

In Abb. 85 ist die Schaltung des Turbowechselrichters dargestellt. In einem vollkommen geschlossenen Gefäß, das mit Schutzgas gefüllt ist, befindet sich ein kleiner Motor M, der einen Rotationskörper mit zwei schrägstehenden Steigrohren R antreibt. (Der Einfachheit wegen ist nur ein Steigrohr R gezeichnet.) Die untere Öffnung desselben taucht in einen Quecksilbernapf Q. In-folge der Zentrifugalkraft steigt bei genügend hoher Drehzahl das Quecksilber im Steigrohr R hoch und tritt in dünnem Strahl aus der Düse. Der rotierende Quecksilberstrahl trifft auf eine ringförmige Kontaktbahn und verbindet den Minuspol der Gleichspannung mit den Kontaktsegmenten A_1 und A_2, wodurch den beiden Hälften der Primärwicklung des Transformators T abwechselnd Strom zugeführt wird. Auf diese Weise entsteht an den Klemmen der Sekundärwicklung des Transformators T eine Wechselspannung von 220 V.

Diese Wechselspannung ist annähernd rechteckig. Die kurze Stromlücke während der Um-

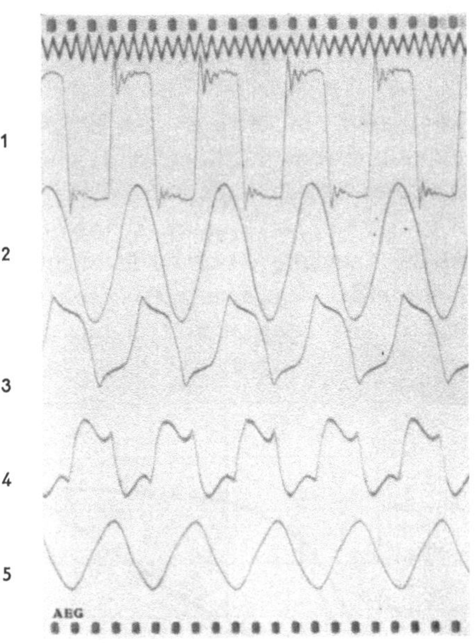

Abb. 86. Oszillogramme vom Turbowechselrichter bei voller Belastung.

schaltung überbrückt der Speicherkondensator C_1, wie das Oszillogramm der Wechselspannung dies bestätigt. In Abb. 86 zeigt Kurve 1 die Wechselspannung auf der Sekundärseite des Transformators und Kurve 4 den Strom im Transformator, der mit der Spannung (Kurve 1) phasengleich ist.

Durch eine Siebdrossel D_1 im Zusammenwirken mit der Summe der an jeder Leuchtstofflampe angeschlossenen Kondensatoren C_2, erreicht man eine sinusförmige Wechselspannung. Die Siebdrossel ist, wie Abbildung 85 zeigt, in die Zuleitung zum Lampennetz eingefügt. In

Abb. 86 zeigt das Oszillogramm 2 die sich nach der Siebdrossel ergebende Spannungskurve, welche Sinusform aufweist. Die Kurve 3 ist die Lampenspannung, Kurve 5 der Brennstrom jeder Lampe, der etwa um 90° den Kurven 1 und 4 nacheilt.

Die sinusförmige Kurve von Spannung und Strom des Turbowechselrichters bleibt annähernd erhalten, auch wenn die Last im Lampennetz sich ändert. Dies gilt noch für eine Lastverminderung bis auf ein Drittel. Wenn parallel zur Siebdrossel D_1 noch ein Kondensator C_3 gelegt wird, dann können die Leuchtstofflampen bis zur letzten abgeschaltet werden, ohne daß die Wechselspannung ihre Sinusform verliert und einen unzulässig hohen Wert annimmt.

Der Turbowechselrichter arbeitet mit einem sehr günstigen Wirkungsgrad von etwa 85 bis 90%, der vom Motorgenerator oder Einankerumformer nicht erreicht wird. Dieser Wirkungsgrad ändert sich nicht wesentlich, auch wenn die Belastung desselben auf ein Drittel des Nennwertes zurückgeht. Abb. 87 zeigt die Kennlinie des Wirkungsgrades η und die Kennlinie des zugeführten Gleichstromes A in Abhängigkeit von der abgegebenen Wechselstromleistung. Wenn der Turbowechselrichter leer läuft, nimmt er nur einen ganz geringen Gleichstrom auf.

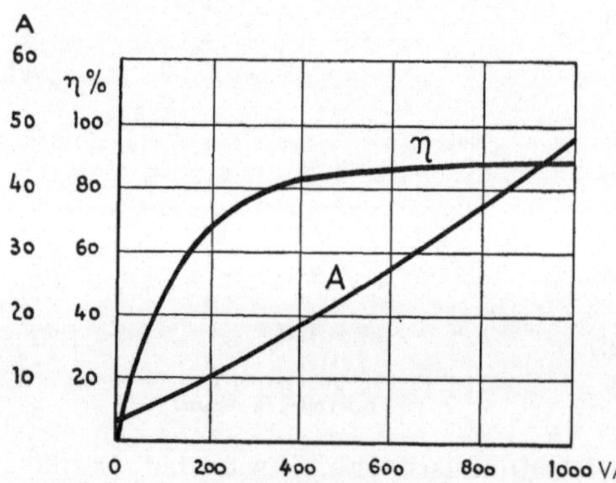

Abb. 87.
Wirkungsgrad und zugeführter Gleichstrom A in Abhängigkeit zur abgegebenen Wechselstromleistung VA.

Der Turbowechselrichter mit 110 V Eingangsgleichspannung und 3 kVA Ausgangsleistung bei 220 V Wechselspannung weist einen Wirkungsgrad bis 93% auf.

Aus der Tab. 2, S. 115, sind die günstigen Werte der Lichtausbeute (lm/W), welche sich infolge des guten Wirkungsgrades des Turbowechselrichters ergeben, zu ersehen.

Der Turbowechselrichter, der senkrecht montiert wird, arbeitet bei allen Erschütterungen und Bewegungen, die in dem Fahrbetrieb vorkommen, einwandfrei. Schräglagen bis 30° stören seine Funktion nicht. Da der Turbowechselrichter keinen höheren Anlaufstrom als den Dauerstrom bei Vollast aufnimmt, kann er direkt vom Lichthauptschalter aus in Betrieb gesetzt werden, so daß eine Anlaßhilfe nicht erforderlich ist. Die einzelnen Typen des Turbowechselrichters sind aus dem Anhang, S. 175 und 176, zu entnehmen. Abb. 88 zeigt den Turbowechselrichter am Untergestell eines Bahnpostwagens angebracht.

Abb. 88. Turbowechselrichter in einem Behälter am Wagenkasten.

c) Schutz der Leuchtstofflampe vor Unterspannung.

Im Gegensatz zur Glühlampe kann die Leuchtstofflampe und der Starter bei allzu niedriger Spannung Schaden nehmen und an Lebensdauer einbüßen. Eine Unterspannung kann eintreten, wenn die Batterie tief entladen wird. Um einen solchen Betriebsfall zu vermeiden, wendet die Deutsche Bundesbahn bei Leuchtstofflampen-Beleuchtung das von der GEZ entwickelte Minimalspannungsrelais an, welches bei einer Entladespannung der Batterie von 21 V den Umformer oder Wechselrichter abschaltet. Gleichzeitig wird durch einen Ruhekontakt am Minimalrelais der Notstromkreis, an welchem die in jedem Beleuchtungskörper befindlichen kleinen Glühlampen (5 W) angeschlossen sind, eingeschaltet. Durch die eintretende Verminderung der Belastung steigt die Spannung der Batterie an, so daß noch eine kurzzeitige Notbeleuchtung gewährleistet ist. Die Prinzipschaltung des Minimalrelais geht aus Abb. 89 hervor. Das Minimalrelais besteht aus dem Unterspannungsausschalter a, der am Einstellwiderstand b auf die Abschaltspannung 21 V eingestellt ist. Der Hauptschalter HS besitzt die Kontakte für die Zu- und Abschaltung der Lichtstromkreise und des Umformers und zusätzlich eine Schaltwalze, welche einen kurzzeitigen Wischkontakt zwischen den Hauptstellungen des Schalters gibt. Dadurch wird der Einstellwiderstand b überbrückt, so daß infolge der kräftigen Stoßerregung das Relais a anzieht und den Umformer an die Stromquelle legt. Solange

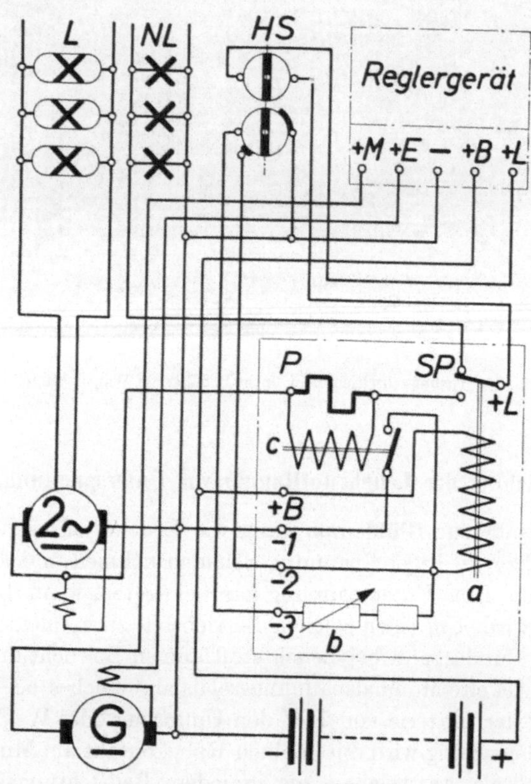

Abb. 89. Prinzipschaltung des Minimalspannungsrelais (GEZ).

der Anlaufstrom des Umformers anhält, bleibt durch das Stromrelais c der Widerstand b überbrückt. Infolgedessen wird das Relais a gehalten, auch wenn die Spannung der Batterie infolge des hohen Anlaufstromes des Umformers stark abfällt. Erst wenn der Umformer hochgefahren ist und den normalen Verbrauchsstrom aufnimmt, gibt das Stromrelais den Widerstand *b* frei. Das Unterspannungsrelais *a* hat nunmehr seine normale Erregung und fällt bei Erreichen der Entladespannung von 21 V ab. Das Minimalrelais in dieser Anordnung ist bei der Deutschen

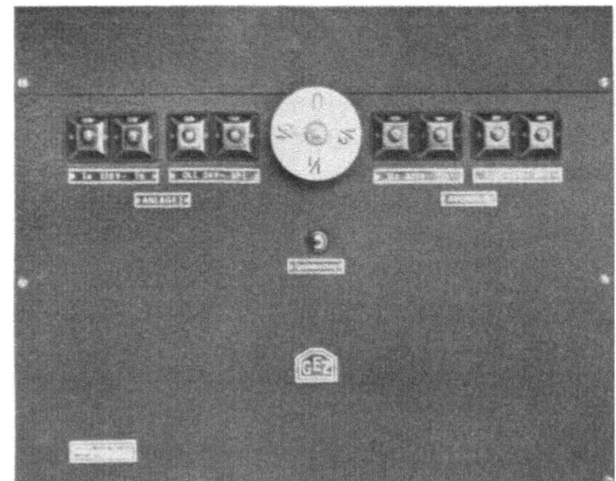

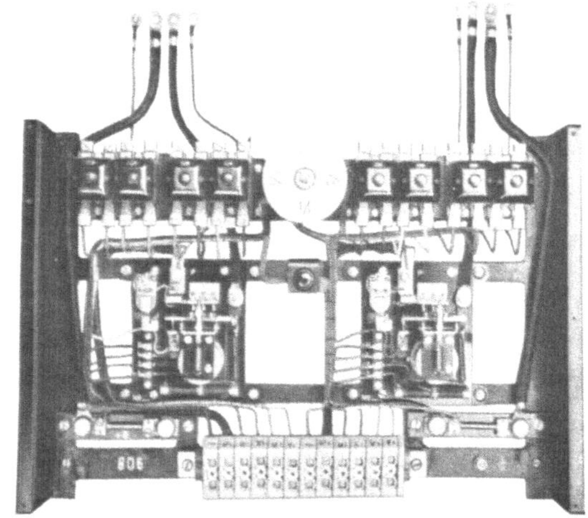

Abb. 90 a u. b. Schalttafel für Doppelanlage der DB.
a abgedeckt, b offen.

Bundesbahn in großer Anzahl eingeführt und hat sich gut bewährt. Abb. 90 zeigt die Schalttafel einer Doppelanlage, auf der zwei Minimalrelais aufgebaut sind.

d) Anordnung der Leuchten.

Die Deutsche Bundesbahn hat sich entschlossen, in Zukunft alle Personenwagen, welche neu- oder umgebaut werden, mit Fluoreszenzbeleuchtung auszustatten. Eine große Anzahl Reisezugwagen haben schon diese Beleuchtung. Die Leuchte für die Fahrgasträume ist in Abb. 91 dargestellt. Unter dem Reflektor derselben befindet sich das Vorschaltgerät, bestehend aus Drossel- und Kondensator. Die Fassung, welche die Deutsche Bundesbahn verwendet, ist besonders stabil gebaut und besitzt eine Verriegelung, wodurch Wackelkontakte und ein Herausfallen der Leuchtröhre verhindert werden. In der Mitte der Leuchte ist für die Notbeleuchtung eine Glühlampe, 24 V, 5 W, eingebaut. Im Fahrgastraum zweiter Klasse sind, wie Abb. 92 zeigt, an der Decke zwei Reihen Leuchten angebracht. Im Fahrgastraum dritter Klasse dagegen läuft eine Reihe Leuchten in der Mitte der Decke entlang. Die Leuchten sind mit Leuchtstofflampen, 40 W, bestückt. Aus Abb. 93 ist

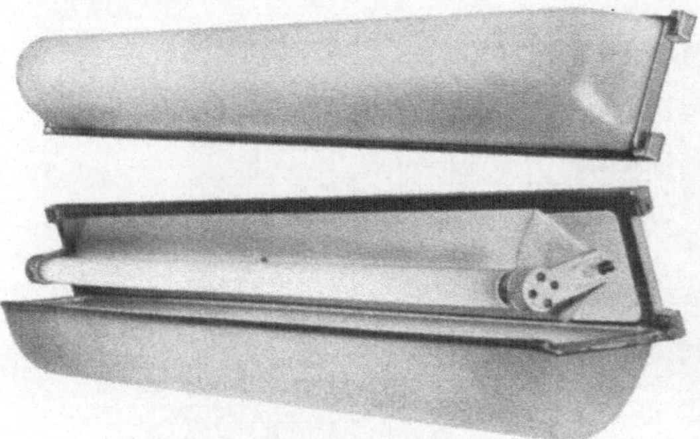

Abb. 91. Leuchte in Reisezugwagen der DB.

Abb. 92. Fahrgastraum II. Kl. eines Reisezugwagens der DB.

die erzielte Beleuchtungsstärke ersichtlich, welche an den Sitzplätzen, 0,8 m über dem Fußboden und 0,4 m von der Rückenlehne entfernt, vorhanden ist. Die Leuchte in den Vorräumen und Toiletten ist versenkt eingebaut. Sie ist mit einer Leuchtstofflampe, 20 W, bestückt. Auch die neuen D-Zugwagen der Deutschen Bundesbahn werden einheitlich mit den gleichen oder ähnlichen Leuchten ausgerüstet. Im Anhang (S. 179) ist der Leitungsplan eines D-Zug-Wagens angeführt.

Die Deutsche Bundespost hat sich nach den ersten Versuchen im

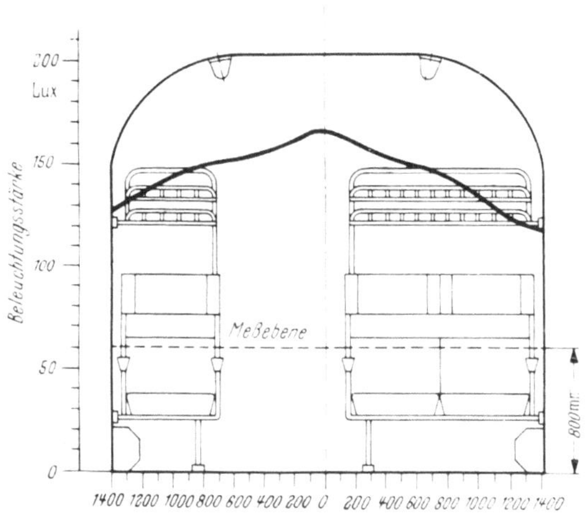

Abb. 93. Beleuchtungsstärke in der II. Klasse.

Jahre 1951 entschlossen, alle neuen Bahnpostwagen mit Leuchtstoffbeleuchtung auszurüsten. Eine große Anzahl Wagen ist schon mit dieser Beleuchtung versehen, durch welche die Beleuchtungsstärke gegenüber der früheren Glühlampenbeleuchtung auf ein Mehrfaches erhöht wird (Abb. 94). Der Sortierdienst wird dadurch erheblich erleichtert. Als Umformergerät wird der Turbowechselrichter angewendet.

Neben der Niederspannungs-Leuchtstofflampe, die für direkten Anschluß an 220 V Wechselspannung geeignet ist, gibt es auch die Hochspannungs-Leuchtstoffröhre, die mit Spannungen bis 6000 V bei 3000 V gegen Erde betrieben wird. Diese Leuchtstoffröhren haben Kaltkathoden und werden einzeln oder mehrere in Reihe an einen Streutransformator angeschlossen. Da sie sofort nach dem Einschalten zünden, be-

nötigen sie keinen Starter. Ihre Lebensdauer ist höher als die der Niederspannungs-Leuchtstofflampe. Die Lichtausbeute derselben liegt aber
mit etwa 30 lm/W unter der der Niederspannungs-Leuchtstofflampe.
Die Hochspannungs-Leuchtstoffröhre mit abgewinkelten Röhrenenden
kann beim Einbau in Leuchtbändern oder in Vouten für Deckenanleuch-
tung unmittelbar aneinandergesetzt werden, so daß eine ununterbrochene
Leuchtlinie entsteht. Demgegenüber muß man die Niederspannungs-
Leuchtstofflampen, um in Leuchtbändern Dunkelstellen zu vermeiden,

Abb. 94.   Briefraum eines Bahnpostwagens der DBP

so anordnen, daß sich ihre nichtleuchtenden Enden überlappen. Die
Hochspannungs-Leuchtröhre bietet für die Ausleuchtung großer Räume
viele Vorteile; doch eignet sie sich weniger für die Beleuchtung mittlerer
und kleiner Räume, in denen die Leuchten verschiedenartig ausgeführt
und verteilt angeordnet werden, wobei auch auf das freizügige Ein- und
Ausschalten einzelner Leuchten Wert gelegt wird. Diese Gesichtspunkte
sind auch für die Fahrgasträume und Abteile eines Eisenbahnfahrzeuges
maßgebend. Die Leitungsverlegung muß nach den Vorschriften für Hoch-
spannung erfolgen, um jede Gefahr für Fahrgast und Betriebspersonal
auszuschließen. Abgesehen von einigen Ausnahmen (Schwedische Staatsbahn) hat bisher nur die Niederspannungs-Leuchtstofflampe auf Eisenbahnfahrzeugen Eingang gefunden.

III. Beleuchtung mit Turbogenerator auf der Dampflokomotive.

a) Lok-Beleuchtung.

Wie schon im geschichtlichen Überblick erwähnt, hat auch die elektrische Beleuchtung auf Dampflokomotiven allgemeine Einführung gefunden. Als Energie steht der Kesseldampf zur Verfügung. Der Stromerzeuger ist ein kleiner Turbogenerator mit 200 bis 500 W abgegebener Leistung. Von der Deutschen Bundesbahn ist der Turbogenerator, Bauart AEG, als Einheitsmaschine gewählt worden.

Abb. 95. Turbogenerator (Bauart AEG).

Die Type L 0,5 F zeigt Abb. 95. Die technischen Daten des Turbogenerators sind:

> 25 V Gleichspannung,
> 0,5 kW, 3750 U/min.
> Anschluß an Frischdampf 5 bis 16 atü.
> Der Anlauf erfolgt schon bei 2 atü.
> Der Dampfverbrauch beträgt bei Vollast etwa 52 kg/h.

Der Turbogenerator besteht aus dem Turbosatz mit Drehzahlregler und dem Generator, der als Doppelschlußmaschine ausgeführt ist und unabhängig von der Belastung gleiche Spannung hält.

Das Turbinenrad *a* sitzt freitragend auf der zweifach gelagerten Welle des Generators (Abb. 96). Der Dampf tritt aus der Freistrahldüse aus und beaufschlagt den Schaufelkranz des Turbinenrades. Eine Umkehrschaufel führt den Dampf ein zweites Mal über das Turbinenrad.

Der Drehzahlregler *b* besitzt auf Schneiden gelagerte Fliehkraftgewichte, durch welche der Dampfregulierschieber *c* unter Mitwirkung einer einstellbaren Federkraft verstellt wird. Die Verstellübertragung von dem sich drehenden Fliehkraftregler zu dem ruhenden Regulierschieber erfolgt mittels einer Druckscheibe auf die Kohlescheibe *d*.

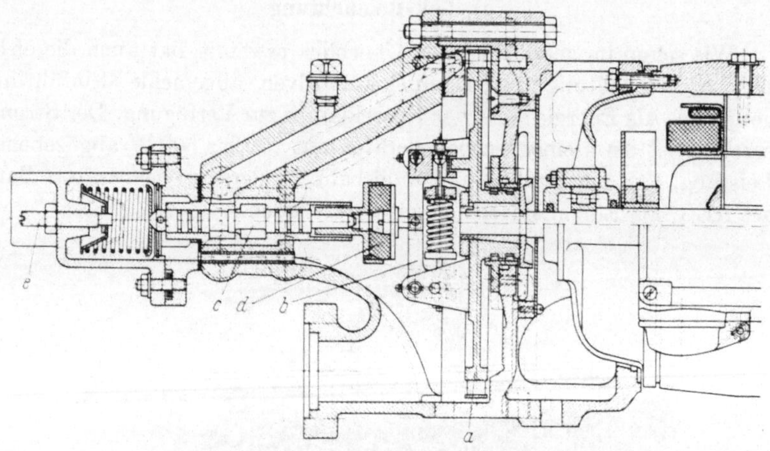

Abb. 96. Turbogenerator, Längsschnitt.

An einer Einstellschraube *e*, welche den Federdruck verändert, kann die Drehzahl des Turbogenerators eingestellt werden.

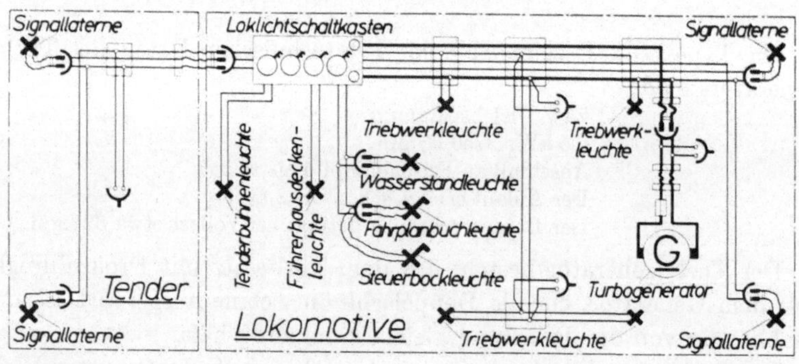

Abb. 97. Schaltplan der Turbolokbeleuchtung.

Der Generator ist zweipolig mit einem Hilfspol. Für die Felderregung besitzt er eine Nebenschluß- und eine Hauptstromwicklung. Im Klemmkasten des Turbogenerators befinden sich die Hauptsicherung einpolig und der einstellbare Feldvorwiderstand.

Der Turbogenerator kann zusätzlich einen besonderen Stromerzeuger für die selbsttätige Zugsicherung erhalten. Auch ein Wechselstromgenerator kann an dem freien Wellenstumpf angeflanscht werden, der die Anlagen für Rangierfunk und Lautsprecherübertragung speist.

Abb. 97 zeigt den Schaltplan der Turbolokbeleuchtung.

Die Beleuchtungsinstallation ist zweipolig verlegt, wobei die Leitungsdrähte wasserdicht in Stahlrohre eingezogen sind.

Am Kopf der Lokomotive sind zwei Streckensignallaternen angebracht. Es ist auch eine Steckdose für den Anschluß eines Kopflichtscheinwerfers vorgesehen. An der Schlußseite des Tenders sind zwei weitere Streckensignallaternen angeordnet.

Der Führerstand wird durch eine Führerhausdeckenlampe beleuchtet. Die Streckensignallaternen und die Führerhausdeckenlampe haben einen Halter für die Anbringung eines Kerzennotlichtes.

Im Führerstand befinden sich weiterhin die Wasserstandsleuchte, die Steuerbockleuchte und die Fahrplanbuchleuchte. Das Triebwerk der Lokomotive wird zu beiden Seiten durch je zwei oder drei Triebwerkleuchten beleuchtet. Ferner befindet sich auf dem Tender eine Tenderbühnenleuchte. Die Streckensignallaternen und die Apparateleuchten im Führerhaus sind an Steckdosen angeschlossen.

In dem wasserdichten Schaltkasten sind die Stromkreissicherungen und Einzelschalter für die Lokbeleuchtung untergebracht.

b) Durchgehende Zugbeleuchtung mit Turbogenerator.

Von einem Turbogenerator größerer Leistung und höherer Spannung kann ohne weiteres eine durchgehende Zugbeleuchtung mit Strom versorgt werden. Wenn die Lokomotive abgekuppelt wird, übernimmt die Batterie im Packwagen die Speisung des Beleuchtungsnetzes.

Auf der Schalttafel im Packwagen sind die erforderlichen Relais und Schalter angeordnet, durch welche selbsttätig die Umstellung von Lichtbetrieb auf Ladung der Batterie bei Tage und umgekehrt erfolgt, ferner der Lichthauptschalter und die erforderlichen Sicherungen für die Beleuchtung des Zuges (Bauart *Fabeg*).

Die Leistung eines Turbogenerators für durchgehende Zugbeleuchtung liegt zwischen 1,5 bis 5 kW bei einer Gleichspannung von 85 bis 110 V.

Der Schaltkasten auf der Lokomotive enthält einen Rückstromschalter und Meßinstrumente sowie einen Handschalter für die Umstellung von Licht- auf Ladebetrieb. Die Kupplung, welche von der Lokomotive durch den Zug führt, ist dreipolig.

IV. Beleuchtung von elektrischen Lokomotiven, Oberleitungs- und Verbrennungstriebwagen.

In den meisten europäischen Ländern werden die elektrisch geförderten Bahnen mit Einphasenwechselstrom von 15 kV Spannung und $16\,^2/_3$ Hz Frequenz betrieben. Diese Stromart ist für die direkte Speisung eines Beleuchtungsnetzes ungeeignet, da die niedrige Frequenz im Licht unangenehm auffallen würde.

1. Beleuchtung von elektrischen Lokomotiven.

Die Betriebssicherheit erfordert es auch, daß bei Wegbleiben der Fahrdrahtspannung die Beleuchtung nicht unterbrochen wird. Aus diesem Grunde haben sich selbständige elektrische Lichtanlagen eingeführt, welche aus einem Gleichstromgenerator, Reglergerät und einer Batterie bestehen und im Prinzip mit den Beleuchtungsanlagen mit Achsgenerator und Batterie für Reisezugwagen übereinstimmen.

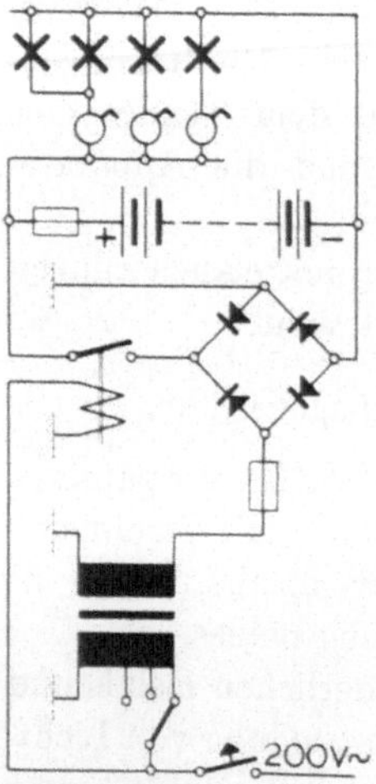

Der Unterschied besteht nur darin, daß der Lichtgenerator durch einen mit ihm direkt gekuppelten Wechselstrommotor angetrieben wird, der aus dem Transformator für Hilfseinrichtungen mit der niedrigen Wechselspannung von 200 V gespeist wird. Der Antriebsmotor kann ein Einphasen-Kommutatormotor oder ein Einphasen-Induktionsmotor sein. Als Reglergerät eignen sich die Systeme wie im Abschnitt C beschrieben.

Die Batterie ist entweder eine Bleibatterie (der Type Gro oder Pz) oder eine alkalische Ni-Cad-Batterie. Die Kapazität der Batterie kann entsprechend niedriger gewählt werden, da dieselbe nur für Pufferbetrieb und als Notreserve dient, aber bei den regelmäßigen Aufenthalten praktisch nicht beansprucht wird. Die Lichtspannung beträgt einheitlich 24 V.

Abb. 98. Entnahme des Beleuchtungsstromes aus der Fahrleitung über Trockengleichrichter.

Die AEG und SSW haben erstmalig für die Beleuchtung elektrischer Lokomotiven eine Anlage mit Trockengleichrichter herausgebracht, die in Deutschland in vielen Fahrzeugen eingebaut ist und sich gut bewährt hat. Die Anordnung ist im wesentlichen aus dem Prinzipschaltbild Abb. 98 zu ersehen.

Der Transformator ist oberspannungsseitig an das Wechselstromnetz für Hilfsbetriebe (200 V) angeschlossen. Die Zuführungsleitung kann an eine der Anzapfungen gelegt werden, um so den günstigen Ladestrom einstellen zu können.

Die Unterspannungswicklung ist mit dem Trockengleichrichter in Graetz-Vollwegschaltung verbunden. An den Gleichstromklemmen liegt die Batterie, deren Plusleitung durch ein Schütz, welches bei Wegbleiben der Hilfsspannung schaltet, unterbrochen wird. An Stelle des Schützes kann auch zusätzlich ein Kontakt an der Umschaltwalze des Fahrschalters vorgesehen werden. Durch diese Vorkehrung soll erreicht werden, daß bei langer Außerbetriebsetzung des Fahrzeuges die Batterie durch den geringen Rückstrom in der Sperrrichtung des Trockengleichrichters nicht an Ladung verliert.

Direkt an den Klemmen der Batterie ist das Lampennetz angeschlossen. Durch die Batterie wird der vom Gleichrichter gelieferte pulsierende Gleichstrom in dem Maße geglättet, daß ein Flimmern der Beleuchtung nicht mehr vom Auge wahrgenommen werden kann.

Da die Batterie in der beschriebenen Pufferschaltung mit einem verhältnismäßig kleinen Strom dauernd auf Ladung gehalten wird, ist es nicht notwendig, ein Ladebegrenzungsrelais vorzusehen. Die Lampenspannung bleibt in den bei Zugbeleuchtung üblichen Grenzen von 24 bis 26 V, so daß auch ein Lampennetzregler entbehrlich wird. Die Lichtanlage ist einfach und hat sich als betriebssicher erwiesen.

2. Beleuchtung von Oberleitungstriebwagen.

Bei den Vollbahnen, welche mit Einphasen-Wechselstrom (15 000 V, $16^2/_3$ Hz) betrieben werden, wird der Triebwagen oder Triebzug mit einer oder mehreren selbständigen Gleichstromanlagen ausgerüstet. Die Anlage besteht aus Motorgenerator, Reglergerät und Batterie. Der Wechselstrommotor wird an das Niederspannungsnetz für Hilfsbetriebe (200 V) oder an die Heizleitung (800 bis 1000 V) angeschlossen.

In Deutschland wird ferner die Anordnung mit dem Trockengleichrichter, wie sie auf S. 130 beschrieben ist, benutzt, jedoch mit dem Unterschied, daß der Transformator oberspannungsseitig an die Heizleitung angeschlossen ist. Da die Spannung je nach dem Betriebszustand der elektrischen Zugheizung 800 oder 1000 V betragen kann, wird diesem Umstand durch ein Umschaltrelais Rechnung getragen.

Bei der elektrischen Zugförderung führen die Reisezugwagen durchweg die normale Beleuchtungsanlage mit Achsgenerator und Batterie.

9*

Auch die Steuerwagen und die dazugehörigen Beiwagen führen meist eine unabhängige Beleuchtungsanlage mit Achsgenerator und Batterie. Doch gibt es auch Ausführungen, bei welchen von einer zentralen Stromquelle aus über eine durchgehende Kupplungsleitung der Beleuchtungsstrom auf alle Wagen des Zuges verteilt wird. Eine bestimmte Norm in dieser Richtung hat sich bis jetzt noch nicht durchgesetzt.

Bei den *Gleichstrombahnen*, sofern die Spannung des Fahrdrahtes oder der Stromschiene nicht über 1500 V gegen Erde liegt, ist es möglich, die elektrische Beleuchtung durch eine Anzahl in Reihe geschalteter Glühlampen direkt aus der Fahrleitung abzunehmen. Um die Spannungsschwankungen im Netz von den Lampen fernzuhalten, werden geeignete Mittel angewendet, wie z. B. die Vorschaltung von Eisen-Wasserstoff-Widerständen oder die Anwendung eines Netzreglers.

In letzter Zeit hat man auch bei Gleichstrombahnen mehr und mehr die selbständige Stromerzeugungsanlage, bestehend aus einem Motorgenerator, Reglergerät und Batterie, angewandt. Der Vorteil besteht in dem Wegfall der bei hoher Spannung nötigen Vorsichtsmaßnahmen für die Installation im Wageninnern, in dem freizügigen Anschluß der verschiedenen Stromverbraucher, wie z. B. Scheibenwischer, Steuerungsgeräte, Signalanlage, Lüfter usw., und darin, daß die Beleuchtung bei Wegbleiben der Fahrdrahtspannung nicht erlischt.

3. Beleuchtung von Verbrennungstriebwagen.

Im Gegensatz zu den Oberleitungstriebwagen steht für den Antrieb der Lichtmaschine nicht elektrische Energie aus dem Fahrdraht, sondern mechanische Energie vom Antriebsmotor zur Verfügung. Der Verbrennungsmotor benötigt an sich für seine Hilfsgeräte, wie Anlasser, Steuerung, Zündung usw., elektrische Energie, welche durch den von ihm angetriebenen Generator in Verbindung mit der Starterbatterie geliefert wird. Diese elektrischen Anlagen sind von Spezialfirmen, wie *Bosch*, Stuttgart, für Kraftfahrzeuge auf einen hohen technischen Stand entwickelt worden. Der Generator und die Batterie sind so in ihrer Leistung ausgelegt, daß die Beleuchtung der Wagen und alle sonstigen Hilfsgeräte, wie Scheibenwischer, Winker usw., von dieser Stromquelle gespeist werden können. Daher ist es naheliegend, die elektrische Anlage, wie sie bei Kraftfahrzeugen üblich ist, möglichst unverändert zu übernehmen (s. Abb. 99). Der Strombedarf für die Beleuchtung eines Triebwagens erfordert jedoch meist einen größeren Lichtgenerator und Batterie. Deshalb sind für den Verbrennungstriebwagen verstärkte

Generatoren von 1- bis 2-kW-Leistung entwickelt worden. Als Lampenspannung wird normal 24 V, bei kleinen Triebwagen aber auch 12 V angewendet.

Das Reglergerät wird bei diesen aus dem Kraftfahrzeug stammenden Anlagen mit einem nach dem Tirrillprinzip arbeitenden Zitterregler ausgerüstet (s. S. 91). Es können aber auch Reglersysteme, wie sie für Achsgeneratoren gebräuchlich und im Abschnitt C beschrieben sind, angewendet werden. Die Lichtanlage entspricht in ihren wesentlichen Teilen derjenigen mit Achsgenerator und Batterie. In verschiedenen Fällen wird auch die Netzspannung der Beleuchtung auf 72 oder 110 V erhöht, wenn die Steuerung, Hilfsanlagen und sonstigen Stromverbraucher des Triebwagens dies erfordern.

In den letzten Jahren hat sich die Entwicklung der Verbrennungstriebwagen nach verschiedenen Richtungen vollzogen. Der kleine und mittlere Triebwagen hat die Kraftübertragung vom Verbrennungsmotor auf die Triebachse durch ein mehrstufiges mechanisches Getriebe. Für die elektrische Beleuchtung genügen meistens die beim Kraftwagen gebräuchlichen Generatortypen.

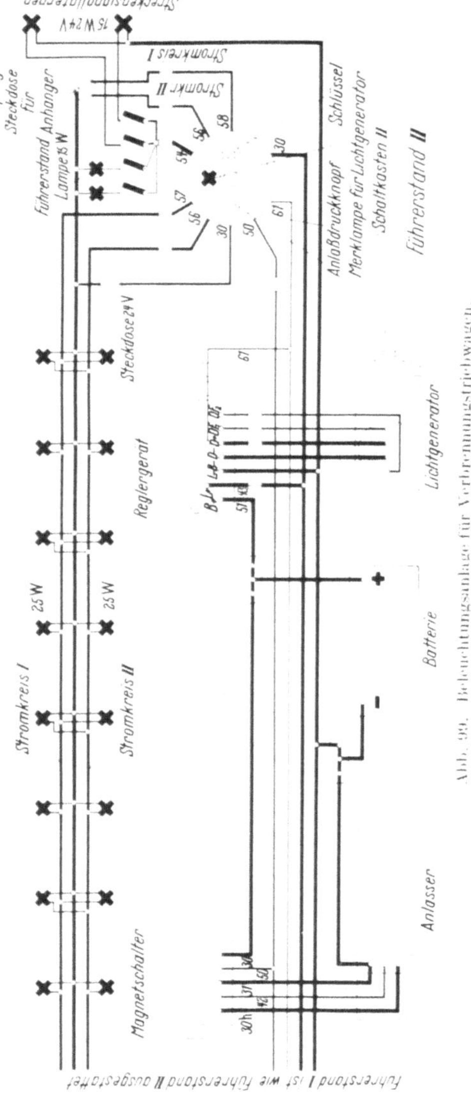

Abb. 93. Beleuchtungsanlage für Verbrennungstriebwagen.

Der große Triebwagen und Triebzug hat eine elektrische oder hydraulische Kraftübertragung vom Motor zur Triebachse. In der ersten Ausführung wird für die Erregung des Hauptgenerators und der Fahrmotore eine starke Gleichstrommaschine und dazu eine Batterie und ein Reglergerät benötigt. Die Leistung des Hilfsgenerators wird so bemessen, daß auch die Beleuchtung und alle sonstigen Stromverbraucher von dieser gemeinsamen Gleichstromquelle gespeist werden können.

In der zweiten Ausführung muß ein Gleichstromgenerator mit der erforderlichen hohen Leistung direkt oder über Mehrfachkeilriemen vom Verbrennungsmotor angetrieben werden. Alle elektrisch betätigten Hilfs- und Steuereinrichtungen werden von der Batterie gespeist, von der auch der Verbrennungsmotor durch einen Anlasser gestartet wird. Auch zwei Generatoren und Reglergeräte, welche in Parallelschaltung auf die Batterie arbeiten, werden bei Bedarf angewendet.

Der Steuer- und Mittelwagen der großen Triebwagenzüge erhält oft einen durch ein Achsgetriebe (mit Kardanwelle) angetriebenen Generator. Dadurch hat ein solcher Wagen seine eigene Stromversorgung und ist unabhängig. Aber auch die Aufstellung einer zentralen Stromquelle, die über eine durchgehende Kupplungsleitung die Beleuchtung und sonstigen Stromverbraucher speist, ist gebräuchlich.

V. Luftheizungs- und Klimaanlagen in Eisenbahnfahrzeugen.

1. Dampf-elektrische Luftheizung und Belüftung.

Die Luftheizungsanlagen sind im Rahmen dieses Buches insofern interessant, als die elektrische Energie für die Lüfter und elektrische Steuerung aus der Stromquelle der elektrischen Beleuchtung entnommen wird. Daher soll kurz auf diese Einrichtungen eingegangen und untersucht werden, inwieweit die Stromquelle der Beleuchtung, bestehend aus Achsgenerator und Batterie, verstärkt werden muß.

Die Heizenergie wird entweder von der Dampflokomotive über die durchgehende Hauptdampfleitung oder bei elektrischer Zugförderung vom Fahrdraht über die Hochspannungs-Durchgangsleitung entnommen. Wenn unabhängig davon oder zusätzlich noch eine dritte selbständige Heizung benötigt wird, so kann eine automatische Ölheizung vorgesehen werden. Abb. 100 zeigt die Anordnung einer dampf-elektrischen Luftheizung (Bauart *Hagenuk*) in einem D-Zug-Wagen.

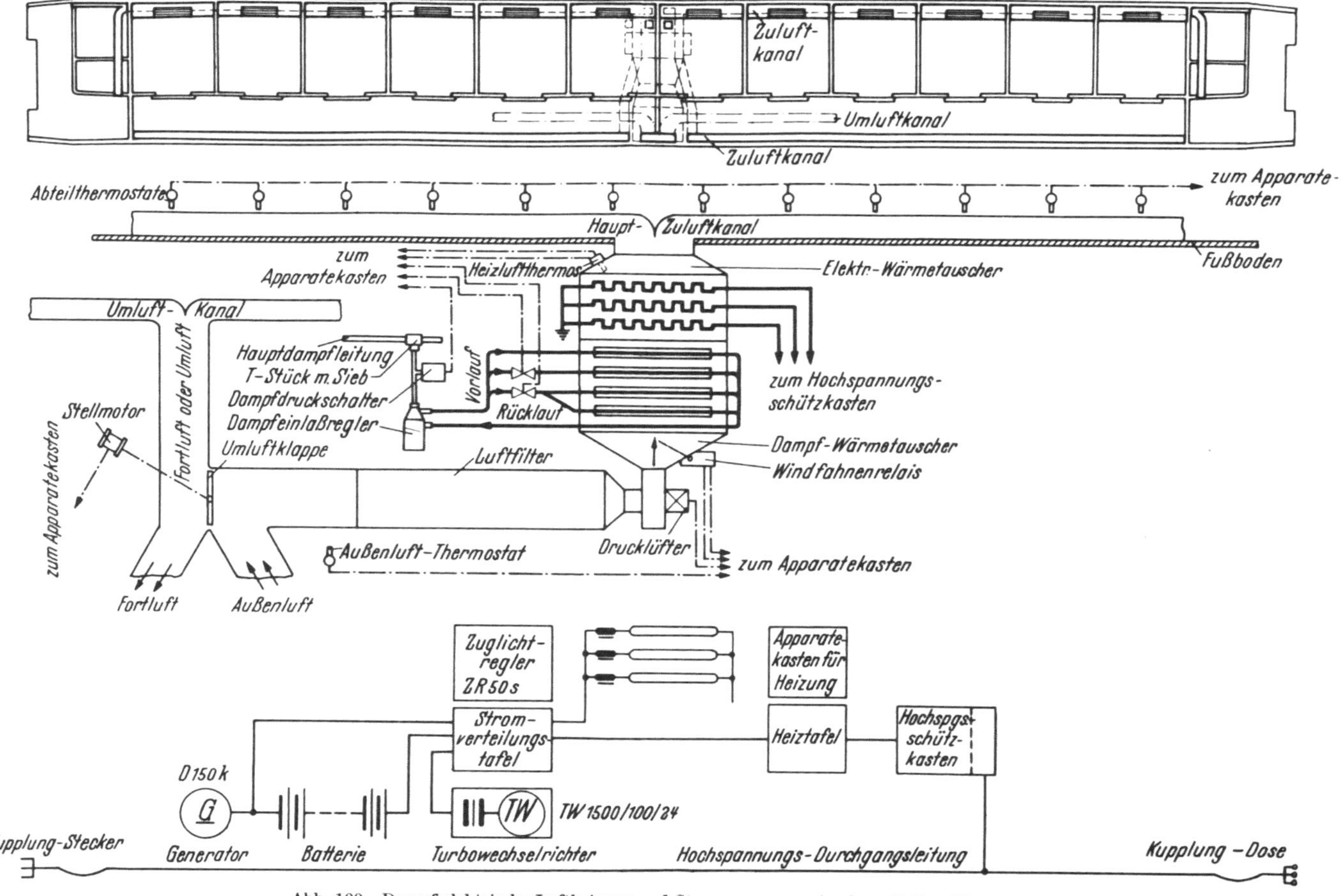

Abb. 100. Dampf-elektrische Luftheizung und Stromversorgung in einem D-Zug-Wagen.

Heizbetrieb im Winter. Die Außenluft[1] wird an der Längsseite des Wagens angesaugt und passiert den Luftfilter. Der Drucklüfter drückt die von Staub gereinigte Luft durch den Wärmetauscher, in welchem sie erwärmt wird, und weiter in die Verteilungskanäle, welche an der Fensterseite oberhalb des Wagenfußbodens angeordnet sind. Je nach der Raumaufteilung im Wagen sind im Verteilungskanal Austrittsöffnungen angeordnet. Bei dem dargestellten Abteil-D-Zug-Wagen befindet sich unter dem Fenster eine von Hand einstellbare Luftaustrittsöffnung, wodurch die Zuluftmenge für das Abteil eingestellt werden kann. Die noch überschüssige Warmluft am Ende der beiden Verteilungskanäle wird über einen großflächigen Kanal durch die Toiletten geführt, wodurch diese geheizt werden, und strömt dann ebenfalls in den Seitengang. Durch einen oder mehrere Raumthermostate wird die Heizung so gesteuert, daß die mittlere Temperatur im Wagen ($+ 20°$ bis $22°$ C) gleichmäßig aufrechterhalten wird.

Die *Abluft* aus dem Abteil strömt durch ein Gitter oberhalb der Abteiltür in den Seitengang und bewirkt zusätzlich eine Erwärmung desselben.

Im Seitengang ist ein weiterer Luftkanal an der Fensterseite angeordnet, der mit gleichmäßig verteilten Austrittsöffnungen versehen ist. Bei klimatisch günstigen Verhältnissen kann dieser Luftkanal entfallen.

Bei einer Außentemperatur über $0°$ wird als Zuluft reine Außenluft zugeführt. Bei Temperaturen unter $0°$ wird Umluftbetrieb vorgesehen, d. h. ein Teil der Abluft wird mit der Außenluft vermischt, über den Wärmetauscher geführt und wieder eingeblasen.

Lüftung im Sommer. Der Drucklüfter läuft mit erhöhter Drehzahl. Der Lufterhitzer ist außer Betrieb. Die Räume werden mit großen Mengen Außenluft versorgt.

Die Bedienung der Luftheizung ist einfach, da diese Einrichtung mit einer automatischen Steuerung ausgerüstet ist. Durch Betätigen des Heiz- und Lüftungsschalters auf der Heizschalttafel wird die Anlage in Betrieb genommen und arbeitet dann automatisch. Die oberhalb

---

[1] *Zuluft* ist die gefilterte, erwärmte oder gekühlte Luft, welche in den Fahrgastraum gedrückt wird.

Abluft ist die aus dem Fahrgastraum abgeführte Luft.

Außenluft ist die von außen angesaugte und gefilterte Luft.

Umluft ist die aus dem Fahrgastraum angesaugte und gefilterte Luft.

Fortluft ist die Luft, welche über statische oder motorisch angetriebene Deckenlüfter oder über andere Austrittsöffnungen nach außen abgeführt wird.

des Schaltschrankes angeordneten Kontrollampen zeigen das Arbeiten der Anlage bei den verschiedenen Betriebsarten an.

Regelung und Steuerung. Der Außenluftthermostat steuert die Stellung der Umluftklappe sowie die Grobzufuhr der Heizenergie in Abhängigkeit von der Außentemperatur.

Die im Wagen angeordneten Abteilthermostate arbeiten als Mehrzahlregler und regeln auf gleichbleibende Wagentemperatur. Durch die Abteilthermostate werden bei Dampfbetrieb Magnetventile, bei elektrischem Betrieb Hochspannungsschütze betätigt, wodurch die Heizregister zu- und abgeschaltet werden.

Ein Heizluftthermostat verhindert bei abgestelltem Lufterhitzer das Einblasen kalter Luft. Ein Windfahnenrelais schützt die elektrischen Heizregister vor Zerstörung beim Versagen des Drucklüfters.

Dampfbetrieb. Die selbsttätige elektrische Steuerung ist über dem Dampfdruckschalter eingeschaltet, der Drucklüfter läuft, das Windfahnenrelais spricht an und die beiden Magnetventile arbeiten in Abhängigkeit von den Raumthermostaten und Heizluftthermostaten. Wird im Wagen die an den Raumthermostaten festgelegte Temperatur überschritten, so wird durch die Magnetventile die Dampfzufuhr gedrosselt.

Elektrischer Betrieb. Sinngemäß gilt die für den Dampfbetrieb beschriebene Arbeitsweise, nur daß an Stelle der Magnetventile die Hochspannungsschütze die Heizregister im Wärmetauscher zu- und abschalten und daß statt des Dampfdruckschalters das Steuerstromschütz anspricht.

Das elektrische Hochspannungsschütz ist mit einer automatischen Spannungswähleinrichtung ausgestattet, wodurch eine selbsttätige Anpassung an die jeweilige Fahrdrahtspannung erfolgt, wie dies die RIC-Vorschriften für den internationalen Durchgangsverkehr fordern.

Feuerlufterhitzer mit Ölbrenner. Wenn der Wagen unabhängig von einem Dampf- oder elektrischen Anschluß oder zusätzlich zu diesen mit einer eigenen Heizungsanlage ausgerüstet werden soll, kann eine selbsttätige Ölheizung vorgesehen werden.

Die Flamme des Ölbrenners strahlt in den Brennraum des Lufterhitzers, an dessen Wandungen die Luft vorbeigeführt und erwärmt wird. Die Verbrennungsgase ziehen durch den Kamin ab. Für die automatische Feuerung werden Überwachungseinrichtungen mit Photozellensteuerung, Thermostate und Druckschalter vorgesehen.

Als Heizöl eignet sich Dieselkraftstoff oder unter gewissen Voraussetzungen vordestilliertes paraffinfreies Braunkohlenteeröl.

Vorteile der Luftheizung. Die Anlage ist einfach, da keine Heizkörper und damit keine Dampfrohre und Hochspannungsleitungen im Wageninnern vorhanden sind. Die Installation ist einfach, da die ganze Anlage unter dem Wagen angeordnet ist. Im Wageninnern befinden sich nur die Luftkanäle. — Neben der Heizung wird eine zugfreie und ausreichende Lüftung mit gefilteter Außenluft im Winter bewirkt. Da die Fenster nicht geöffnet werden müssen, wird eine Rauch- und Staubbelästigung von außen vermieden. In der wärmeren Jahreszeit kann durch einen verstärkten Lüftungsbetrieb eine ausgiebige Lufterneuerung erzielt werden.

Strom aus der Beleuchtungsanlage. Für den Betrieb des Lüfters und der automatischen Steuerung wird eine elektrische Leistung von 600 bis 700 W (bei 24 V = 25 − 30 A) benötigt, wenn — wie das beschriebene Beispiel eines D-Zug-Wagens zeigt — nur ein Drucklüfter vorgesehen ist. Für die reichliche Beleuchtung des Wagens wird eine Entnahme von 1,2 kW (bei 24 V = 50 A) angesetzt, wobei der Wirkungsgrad für die Umformung von Gleich- in Wechselstrom für die Leuchtstoffbeleuchtung mit berücksichtigt ist. — Der Stromverbrauch ergibt sich wie folgt:

$$
\begin{array}{ll}
\text{für Beleuchtung} \ldots \ldots \ldots & 50\ \text{A} \\
\text{für Luftheizung} \ldots \ldots \ldots & 30\ \text{A} \\
\hline
\text{Gesamtstromverbrauch} \ldots & 80\ \text{A}
\end{array}
$$

Bei der Wahl des Achsgenerators für 24 V und 150 A bleibt für die Batterie ein Ladestrom von 70 A, so daß im Schnellzugkurs eine ausreichende Aufladung der Batterie erzielt wird. Die Kapazität der Batterie soll mit 400 bis 500 Stunden festgesetzt werden, so daß eine Betriebsdauer im Stillstand von 5 bis 6 Stunden für Beleuchtung und Heizung sichergestellt ist.

Mit Luftheizung dieser Art ist auch eine Anzahl Bahnpostwagen der DBP ausgerüstet. Damit bei dem Sortieren der Post- und Gepäckstücke der aufgewirbelte Staub sofort abgesaugt wird, ist an den Aussacktischen eine Luftabsaugevorrichtung angebracht.

Die zusätzliche Leistung (ca. 200 W) für den Absauglüfter erhöht den Stromverbrauch von 30 auf etwa 40 A. Im Bahnpostwagen wird bekanntlich vor Beginn der Fahrt und nach Beendigung derselben noch mehrere Stunden gearbeitet, wobei der elektrische Strom für die Beleuchtung und Luftheizung aus der Batterie entnommen wird. Die Stromerzeugeranlage ist daher für eine höhere Leistung zu bemessen. Aus diesem Grunde werden für die Beleuchtung und für die Luftheizung je eine getrennte Anlage mit einem Achsgenerator 100 bis 150 A und einer Batterie mit 370 Ah Kapazität vorgesehen.

Die DB hat ebenfalls mit Versuchsausführungen der Luftheizung in D-Zug-Wagen begonnen.

2. Klimaanlage in Eisenbahnfahrzeugen.

Auch diese Anlagen sollen hier kurz erwähnt werden, weil sie im Prinzip eine Erweiterung der beschriebenen Luftheizungsanlagen darstellen und weil die erforderliche elektrische Leistung für Gebläse, Steuerung und Kältemaschine, in vielen Fällen auch von der Beleuchtungsstromquelle — bestehend aus Achsgenerator und Batterie — geliefert wird, welche hierfür wesentlich verstärkt werden muß.

Die Aufgabe der Klimaanlage soll sein, im Winter und im Sommer, also bei jedem möglichen Zustand der Außenluft, im Wagen einen Luftzustand aufrechtzuerhalten, der dem Fahrgast einen angenehmen Aufenthalt gewährleistet.

Im Sommer muß für die Kühlung der Außen- und Umluft die erforderliche Kälteleistung durch eine Kältemaschine erzeugt werden, die einen erheblichen Aufwand an elektrischer Energie bedingt. Eine Entfeuchtung der Luft kann bekanntlich dadurch erzielt werden, daß die Temperatur der zugeführten Luft auf den Taupunkt heruntergeführt wird, wodurch sich Kondenswasser bildet. Daraufhin wird die Luft wieder aufgeheizt, wofür bei verschiedenen Systemen ein zusätzliches elektrisches Heizregister mit vorgesehen wird. Bei anderen Bauarten wird die Raumtemperatur nach der Annehmlichkeitsskala geregelt, so daß ein zusätzlicher Aufwand an elektrischer Heizenergie nicht benötigt wird.

Im Winter wird für die Heizung des Wagens über die durchgehende Heizleitung Dampf von der Lokomotive oder auf elektrischen Bahnstrecken Heizenergie aus der Fahrleitung bezogen. Für die Erwärmung der Außenluftrate, welche über den Deckenkanal eingeblasen wird, steht auch elektrische Energie aus der Stromquelle des Wagens zur Verfügung, da die Kältemaschine außer Betrieb ist.

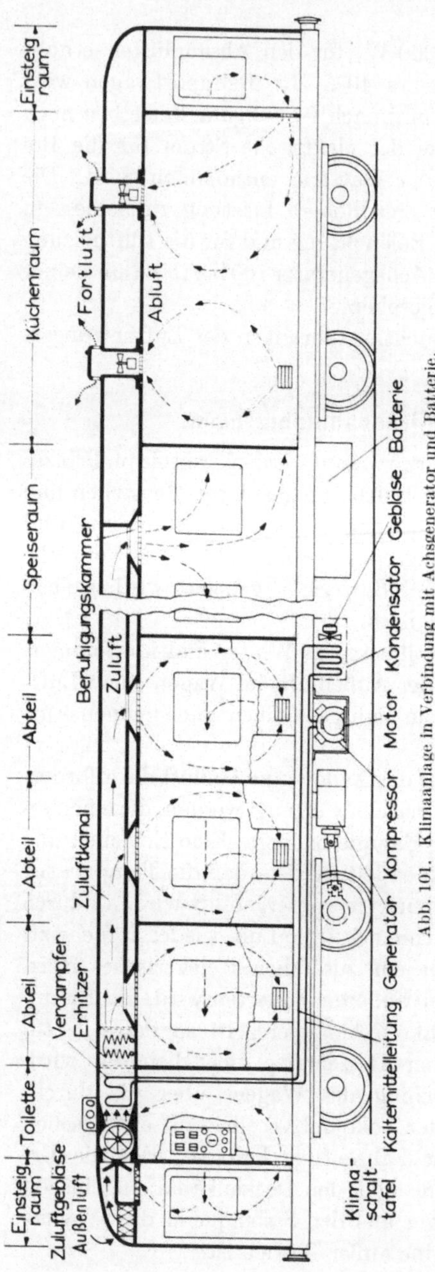

Abb. 101. Klimaanlage in Verbindung mit Achsgenerator und Batterie.

In Amerika und in den von England beeinflußten Ländern mit tropischem Klima haben sich Klimaanlagen in Eisenbahnwagen in hohem Maße eingeführt. Die Einrichtungen verschiedener Großfirmen sind zu hoher Betriebssicherheit und technischer Vollkommenheit entwickelt worden. Ihre Teile sind in bezug auf Abmessungen und Gewichte weitgehend normalisiert und typisiert.

In Europa ist man bisher über wenige Klimaanlagen auf Eisenbahnfahrzeugen nicht hinausgekommen. Doch wächst neuerdings das Interesse für die Klimatisierung von Spezialwagen, wie Salon-, Speise- und Schlafwagen, ferner für geschlossene Triebwagen und Triebzüge, die im bevorzugten, schnellen Fernverkehr eingesetzt sind.

Im Anfang der Entwicklung der Klimatisierung für Eisenbahnfahrzeuge wurde auch mit Wassereis gekühlt. Dafür mußte aber ein großes Eislager bereit gehalten werden, und die Beeisung erforderte hohe Transport- und Lohnkosten. Das Gewicht des gefüllten Eiskastens ist nicht unerheblich. Daher ist man von dieser an sich einfachen Kühlmethode fast ganz abgekommen. Infolge ihrer betrieblichen Vorzüge hat sich die Kältemaschine auch hier durchgesetzt.

Eine übliche Anordnung der Klimaanlage in einem Reisezugwagen mit Speiseraum ist in Abb. 101 dargestellt. Die Luftführung unterscheidet sich wesentlich von derjenigen der Luftheizung, da die Zuluft hier von der Decke aus in den Raum eingeführt wird.

Unter dem Wagen sind der Kältemittelverdichter (Kompressor) mit elektrischem Antrieb und der Kältemittelverflüssiger (Kondensator) mit dem zugehörigen Gebläse meist in zwei Rahmen zusammengebaut und schwingungs- und geräuschgedämpft aufgehängt. Durch den Kompressor wird das Kältemittel in den Kondensator gedrückt und verflüssigt. Das Gebläse besorgt die Abkühlung des Kältemittels auf die Umgebungstemperatur. In diesem Zustand wird das Kältemittel dem Verdampfer, der im Dachaggregat sitzt, zugeleitet und in demselben entspannt, so daß es sich stark abkühlt und der vorbeiströmenden Luft Wärme entzieht. Das Kältemittel, das so durch Kühlung der Zuluft wieder auf eine höhere Temperatur gebracht ist, wird vom Kompressor wieder angesaugt und der Prozeß beginnt von neuem.

Der Kältemittelverdichter (Kompressor) ist eine Kolbenmaschine mit zwei oder mehreren Zylindern. Er wird entweder über Mehrfachkeilriemen oder direkt durch einen Elektromotor angetrieben. Bei neueren Bauarten ist der Kompressor und der Antriebsmotor von einem gemeinsamen Gehäuse umgeben, so daß Stopfbuchsen entfallen und das Entweichen des Kältemittels weitgehend vermieden wird. Als Kältemittel wird heute ausschließlich Frigen verwendet.

Der Verflüssiger (Kondensator) ist eine vielfach gewundene Kupferrohrschlange, welche durch ein Gebläse mit der Umgebungsluft beaufschlagt wird. Über die Rohre sind Kühlscheiben für bessere Wärmeabführung aufgeschoben.

An einer Stirnseite des Wagens unter dem Dach ist die eigentliche Klimaeinheit untergebracht. Sie besteht im wesentlichen aus dem Luftkühler (Verdampfer), dem Lufterhitzer und dem Zuluftgebläse. Der Verdampfer kühlt im Sommer die durch ihn geleitete Zuluft. Er besteht aus einem Kupferrohrsystem mit aufgesetzten Kühlrippen und ist durch wärmeisolierte Rohrleitungen mit dem Kältemittelverdichter und -verflüssiger unter dem Wagen verbunden. Der Lufterhitzer heizt im Winter die Zuluft auf die Innentemperatur auf. Das Gebläse saugt einen Teil Außenluft und Umluft in einem festeingestellten Verhältnis an und drückt die gekühlte oder erwärmte Zuluft durch einen Luftkanal, der unter dem Dach längs des Wagens läuft, in die Fahrgasträume. Die an den Luftkanal angeschlossenen Austrittsöffnungen sind so gestaltet, daß die Zuluft zugfrei, geräuschfrei und gleichmäßig verteilt in den Raum bläst. Zu diesem Zweck ist häufig eine Beruhigungskammer zwischen dem Luftkanal und dem feingelochten Austrittsgitter gelegt. Dadurch, daß in den Fahrgasträumen ein leichter Überdruck entsteht, wird die gleiche Menge Fortluft über den Seitengang in die Vorräume, Toiletten und Küche geleitet, wo sie durch statische oder motorische Absauglüfter abgezogen wird. Die Pfeile in Abb. 101 zeigen den Luftumlauf im Wagen.

Damit in heißen Sommertagen die Kühlanlage den gestellten Anforderungen voll genügen kann und der Aufwand an elektrischer Energie für die Kühlung in erträglichen Grenzen bleibt, ist es unbedingt notwendig, daß das Dach, der Fußboden und alle Wandungen des Wagens ausreichend wärmeisoliert sind. Die Fenster müssen mit Doppelscheiben ausgeführt sein und dürfen nicht zu öffnen sein.

Die selbsttätige Regelung einer Klimaanlage erfordert viel technische Erfahrung, zumal ihr gutes Arbeiten eine unbedingte Betriebsnotwendigkeit ist.

Der Thermostat, der auf konstante Raumlufttemperatur regeln soll. wird meist im Umluftansaugstutzen untergebracht. Als Thermostat wird bei vielen Klimaanlagen das Quecksilberkontakt-Thermometer bevorzugt. Damit dasselbe durch Funkenbildung nicht beschädigt wird, ist zwischen seinen Kontakten und dem Steuerschütz noch ein Vorrelais geschaltet. Es gibt verschiedene Ausführungsformen von Quecksilberthermostaten, u. a. solche, die mehrere Quecksilberblasen besitzen. Die erste liegt frei und wird von der sie umgebenden Luft beeinflußt. Um die zweite Blase ist eine elektrische Heizspirale gelegt. Je nach der durchfließenden Stromstärke kann der Thermostat auf verschiedene Temperaturen eingestellt werden. Die dritte Blase ist von einem feuchtgehaltenen Gewebestrumpf umgeben. Dadurch berücksichtigt der Thermostat zusätzlich zur Raumtemperatur auch den Grad der Luftfeuchtigkeit und regelt auf diese einfache Weise die Raumluft mehr oder weniger nach der Annehmlichkeitsskala.

Die Thermostate steuern bei Kühlung den Kältemittelverdichter, indem sie durch Zu- und Abschalten von Zylindern oder durch Drehzahlregelung oder auf sonst eine andere Weise seine Leistung verändern. Im Heizbetrieb wird durch die Thermostate die Heizleistung der Raumheizkörper und des Lufterhitzers geregelt. Die erforderlichen Vorrelais, Steuerschütze und Wahlschalter sowie die Kontroll-Lampen und Sicherungen sind auf einer Schalttafel übersichtlich angeordnet.

Der Bedarf an elektrischer Leistung für die Klimaanlage eines D-Zug-Wagens setzt sich bei Kühlbetrieb wie folgt zusammen:

Kälteleistung	20000 kcal/h und mehr
Antrieb des Kältemittelverdichters .	9,0—11,0 kW
Antrieb des Verflüssigerlüfters . . .	1,0— 1,5 kW
Zuluftgebläse	1.0 kW
Regelung der Anlage	0,5 kW
	11,5—14,0 kW
für die Beleuchtung	1,5— 2,0 kW
	13,0—16,0 kW

Bei reinem Lüftungsbetrieb dagegen ist der Leistungsbedarf um den der Kältemaschine geringer und beträgt nur etwa 5 kW. Bei Heizbetrieb im Winter kann je nach der Bauart der Klimaanlage der elektrische Energiebedarf bis auf 10 kW und mehr kommen, da das elektrische Heizregister für die Vorwärmung der eingeführten Außenluftrate — wenn ein solches vorgesehen ist — zusätzliche elektrische Energie benötigt.

Der gesamte elektrische Strom wird bei Reisezugwagen meistens von dem Achsgenerator und der Batterie geliefert. Der Generator muß dafür mindestens für eine Leistung von 20 kW und höher bemessen werden. Die Zellenzahl und Kapazität der Batterie richtet sich nach der gewählten Batteriespannung, die bisher uneinheitlich auf 32, 64, 72 oder 110 V festgelegt worden sind. Dabei wird die Batterie nur so groß bemessen, daß sie 2-3 Stunden die Klimaanlage bei Stand des Zuges in Gang halten kann. Für die Vorkühlung des Wagens aber am Ausgangs- und Wendebahnhof wird über Kupplungsdose, Stecker und Kabel Anschluß an das Ortsnetz gesucht. Bei amerikanischen Zuglichtsystemen wird dabei der Zuglichtgenerator von einem mit ihm baulich vereinigten Drehstrommotor („Genemotor") angetrieben, während über eine Fliehkraftkupplung die Generatorwelle vom Kardanantrieb gelöst ist. Es gibt aber auch andere Möglichkeiten der Stromzuführung aus dem Ortsnetz, wie z. B. ein fahrbares Schnelladegerät, welches direkt der Batterie den Strom für die Klimatisierungs- und Beleuchtungsanlage sowie für eine kräftige Nachladung der Batterie liefert.

In Amerika und England wurde der Achsgenerator vielfach über Mehrfachkeilriemen und Kardanantrieb (s. Beschreibung S. 50 und Abb. 34) von der Wagenachse aus angetrieben. Seit längerer Zeit wird ein Kardanantrieb verwendet, dessen Achsgetriebe direkt auf der Mitte der Laufachse aufgesetzt ist. Dadurch wird die Riemenübertragung vermieden. In Amerika ist ferner mit Erfolg der Tatzlagergenerator mit Zahnradantrieb angewendet worden. In Deutschland sind mehrere Spezialwagen mit dem Tatzlagergenerator ausgerüstet worden (s. S. 52 und Anhang S. 162).

Wie in Zukunft die Frage der elektrischen Stromversorgung von Klimaanlagen in Reisezugwagen gelöst wird, ist noch nicht abzusehen. Besonders in Mitteleuropa, wo nur wenige Monate im Jahr die Luftkühlung benötigt wird, ist vielleicht eine Kühlanlage — deren Anschaffungs- und Unterhaltungskosten sehr erheblich sind — problematisch. Abgesehen von der Kühlung können durch eine Luftheizungsanlage ähnliche Vorteile, wie staub- und rauchfreie Frischluftzufuhr, geregelte Heizung usw., erreicht werden.

Bei den Speise-, Schlaf- und Salonwagen ist eine Luftkühlung während der heißen Jahreszeit ein Erfordernis, auf das man nicht verzichten wird, wenn man auf erhöhten Komfort für den Fahrgast Wert legt. Daher wird die Klimaanlage bei dieser Wagengattung einen Vorrang genießen. Um die Freizügigkeit der Wagen bei der Zugzusammenstellung nicht zu beeinträchtigen, wird auch der Achsgenerator und die Batterie als Stromquelle weiter in Anwendung bleiben, deren Leistung, wie schon erwähnt, dem Stromverbrauch der Klimaanlage angepaßt werden muß.

Bei elektrischen Triebwagen und -zügen, die nur auf Strecken mit Oberleitung verkehren, kann die elektrische Energie unbeschränkt aus dem Fahrdraht bezogen und auf Drehstrom 220/380 V, 50 Hz umgeformt werden. Dieseltriebwagen und -züge, welche vom Ausgangs- bis zum Endbahnhof zusammenbleiben, wird man mit einem dieselelektrischen Aggregat als zentrale Stromquelle für Beleuchtung, Klimaanlage, Küche, Warmwasserbereitung usw. ausrüsten, wobei die Speisung über eine durchgehende Drehstromleitung 220/380 V erfolgt. Die Deutsche Bundesbahn hat im vorigen Jahr zwei Gliedertriebzüge, den Tages- und Schlafwagen-Gliederzug bauen lassen und in Dienst gestellt, welche mit einer zentralen elektrischen Anlage ausgestattet sind. Um einen Überblick über den Energiebedarf eines Zuges zu gewinnen, soll als Beispiel der Anschlußwert des Schlafwagenzuges angeführt werden:

Leistungsbedarf für	im Sommer kW	im Winter kW
Hilfsbetriebe des Fahrzeugantriebs	49,5	49,5
Klimaanlage in Kopfglied A	14,5	11,0
in Kopfglied B	14,5	11,0
Wandbeheizung, elektr. Heizkörper in den Fahrgasträumen, sonstige Kleinverbraucher	—	30,0
Beleuchtung	11,0	11,0
Elektrische Küche, einschließlich Kühlschränke .	26,0	26,0
Warmwasserbereitung in den Toilettenräumen . .	10,0	10,0
Summe	125,5	148,5

In jedem Kopfglied ist aufgestellt: 1 Aggregat mit Dieselmotor (MAN) 125 PS bei 1500 U/min und Drehstromgenerator (AEG) 220/380, 50 Hz.

Jeder Generator arbeitet auf ein getrenntes durchgehendes Stromnetz, so daß eine Synchronisiereinrichtung nicht benötigt wird. Für die Einspeisung aus dem Ortsnetz auf dem Heimat- oder Wendebahnhof sind Steckdosen vorgesehen.

VI. Anhang.

A. Grundformeln der Elektrotechnik und Tabellen.

1. Elektrotechnische Einheiten:

Größe	Formelzeichen	Maßeinheit	Abkürzung
Elektr. Spannung	U	Volt	V
Elektr. Stromstärke . . .	I	Ampere	A
Elektr. Widerstand . . .	R	Ohm	Ω
Spez. Widerstand	ϱ		$\dfrac{\Omega \cdot \mathrm{mm}^2}{\mathrm{m}}$
Elektr. Leitwert	G	Siemens	S
Elektr. Leitfähigkeit . .	$\varkappa$		$\dfrac{\mathrm{Sm}}{\mathrm{mm}^2}$
Elektr. Kapazität	C	Farad, Mikrofarad	F, μF
Durchflutung	Θ	Ampere	A
Magnet. Induktionsfluß .	Φ	Weber	Wb
Induktivität	L	Henry	H
Magnet. Feldstärke . . .	H	Ampere/cm	A/cm
Permeabilität (magnet. Durchlässigkeit)	μ	Henry/cm	H/cm
Magnet. Induktion . . .	B	Weber/cm²	Wb/cm²
Magnet. Spannung . . .	V	Ampere	A
Magnet. Leitwert	Λ	Henry	H
Leistung	N	Watt, Volt-Ampere Pferdestärke	W, kW, VA PS
1 PS = 0,736 kW		1 kW = 1,36 PS	
Arbeit	A	Wattsek., Wattstd.	W/sec, W/h, kW/h
Leistungsfaktor	cos φ	Cosinus Phi	
Frequenz	f	Hertz	Hz.
Kreisfrequenz	$\omega = 2\,\pi \cdot f = 6{,}28 \cdot f$		

2. Ohmsches Gesetz:

Für Gleichstrom: $U = I \cdot R; \quad I = \dfrac{U}{R}; \quad R = \dfrac{U}{I}$

Für Wechselstrom: $I = \dfrac{U}{\sqrt{R^2 + \left(\omega L - \dfrac{1}{\omega C}\right)^2}}$

(bei Reihenschaltung von Widerstand, Induktivität und Kapazität).

3. Elektrische Leistung usw.:

Gleichstromleistung: $\qquad N = U \cdot I = I^2 \cdot R = \dfrac{U^2}{R}$

Wechselstrom-Wirkleistung: $\quad N = U \cdot I \cdot \cos \varphi$

Drehstrom-Wirkleistung: $\qquad N = \sqrt{3} \cdot U_{verk} \cdot I \cdot \cos \varphi$

Wirkungsgrad: $\qquad\qquad \eta = \dfrac{N_{ab}}{N_{zu}}$

Reihenschaltung von Widerständen: $R_g = R_1 + R_2 + R_3 + \ldots\ldots$

Parallelschaltung von Widerständen: $\dfrac{1}{R_g} = \dfrac{1}{R_1} + \dfrac{1}{R_2} + \dfrac{1}{R_3} + \ldots\ldots$

Reihenschaltung von Kondensatoren: $\dfrac{1}{C_g} = \dfrac{1}{C_1} + \dfrac{1}{C_2} + \dfrac{1}{C_3} + \ldots\ldots$

Parallelschaltung von Kondensatoren: $C_g = C_1 + C_2 + C_3 + \ldots\ldots$

Resonanzfrequenz: $\omega_0 = 2\pi f_0 = \dfrac{1}{\sqrt{L \cdot C}}$

Widerstand: $R = \dfrac{\varrho \cdot 1}{F} = \dfrac{1}{\varkappa \cdot F}$:

Es bedeuten: $F =$ Querschnitt des Leiters in mm^2

$\qquad\qquad\;\; 1 =$ einfache Leiterlänge in m.

4. Spannungsabfall bei Niederspannungsleitungen:

wenn der Strom bekannt ist

Gleichstrom $\qquad u = \dfrac{2 \cdot 1 \cdot I}{\varkappa \cdot F}$ (V) $\qquad\qquad F = \dfrac{2 \cdot 1 \cdot I}{\varkappa \cdot u}$ (mm^2)

Wechselstrom $\qquad u = \dfrac{2 \cdot 1 \cdot I}{\varkappa \cdot F} \cdot \cos \varphi$ (V) $\qquad F = \dfrac{2 \cdot 1 \cdot I}{\varkappa \cdot u} \cdot \cos \varphi$ (mm^2)

wenn die Leistung bekannt ist

Gleich- und Wechselstrom $\qquad u = \dfrac{2 \cdot 1 \cdot N}{\varkappa \cdot F \cdot U}$ (V) $\qquad F = \dfrac{2 \cdot 1 \cdot N}{\varkappa \cdot u \cdot U}$ (mm^2)

wenn der Strom bekannt ist

Drehstrom $\qquad u = \dfrac{\sqrt{3} \cdot 1 \cdot I \cdot \cos \varphi}{\varkappa \cdot F}$ (V) $\qquad F = \dfrac{\sqrt{3} \cdot 1 \cdot I \cdot \cos \varphi}{\varkappa \cdot u}$ (mm^2)

wenn die Leistung bekannt ist

Drehstrom $\qquad u = \dfrac{1 \cdot N}{\varkappa \cdot F \cdot U}$ (V) $\qquad F = \dfrac{1 \cdot N}{\varkappa \cdot u \cdot U}$ (mm^2)

Diese Formeln sind gültig für normale Niederspannungsinstallation in Rohr und für Kabel unter Vernachlässigung der Induktivität.

10*

5. Zulässige Belastung von isolierten Kupferleitungen nach VDE 0100/3.52:

Querschnitt mm²	Durchmesser mm	Zulässige Dauerbelastung A	
		Gruppe 1	Gruppe 2
0,75	0,98	—	13
1,0	1,13	12	16
1,5	1,38	16	20
2,5	1,78	21	27
4,0	2,26	27	36
6,0	2,76	35	47
10	3,57	48	65
16	4,50	68	87
25	5,64	90	115
35	6,68	110	143
50	8,00	140	178
70	9,45	175	220
95	11,00	215	265
120	12,40	255	310
150	13,80	295	355

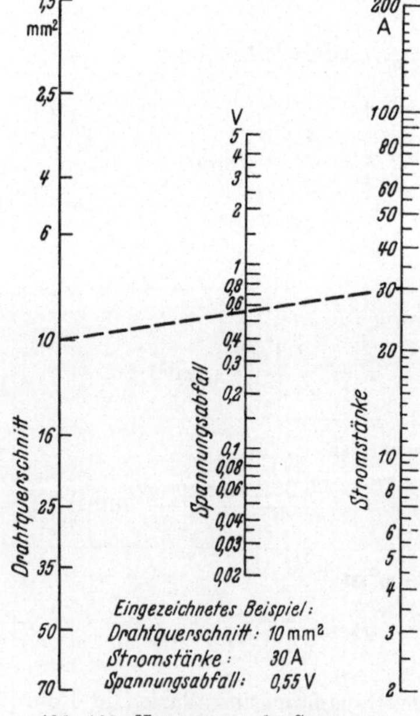

Abb. 102. Nomogramm des Spannungsabfalles für 10 m Leitungslänge.

Gruppe 1: Bis zu 3 Leitungen in einem Rohr.

Gruppe 2: Kabelähnliche Leitungen, wie Panzeradern, Mantelleitungen, Stegleitungen frei verlegt, sowie mehradrige Leitungen zum Anschluß ortsveränderlicher Stromverbraucher.

Diese Werte gelten für eine Grenzerwärmung des Leiters von 35° C und einer Raumtemperatur von 25° C. Die Grenztemperatur von 60° darf auch bei höherer Raumtemperatur nicht überschritten werden. Bei Raumtemperaturen über 25° C darf die zulässige Belastung nur betragen.:

Bei Raumtemperatur ° C	30	35	40	45	50
Zulässige Belastung in % der vorgenannten Werte	92	85	75	65	53

Der Spannungsabfall in der Leitung kann aus dem Nomogramm (Abb. 102) entnommen werden, das für 10 m Leitungslänge gilt. Bei Hin- und Rückleitung ist der Wert zu verdoppeln.

6. Spezifischer Widerstand ϱ, Temperaturkoeffizient α und Leitfähigkeit $\varkappa$ verschiedener Stoffe:

Nachstehende Werte beziehen sich auf 15° C, also:

$$\varrho = \varrho \, S \, 15 \, [1 + \alpha \, (t - 15)]$$

S t o f f	Spezifisch. Widerstand ϱ_{15}	Temperatur koeffizient $\alpha \cdot 10^3$	Leitfähig- keit $\varkappa$
Aluminium	0,03	3,7	34,8
Blei gepreßt	0,20	3,7	5,0
Eisendraht } Eisenblech }	0,12—0,14	4,8—4,5	8,3
Graphit	13—100	0,8—0,2	0,08—0,01
Kohle: Retorten	13—100	0,8—0,2	0,08—0,01
Kupfer, mustergültig . .	0,0172	3,9	58,0
Nach VDE zulässig . . .	0,0178	3,8	56,1
Magnesium	0,045	3,8	22,0
Nickel	0,11—0,13	4,0—3,0	9,0—7,5
Platin	0,094	2,4	10,7
Quecksilber	0,953	0,87	1,05
Silber	0,016	3,6	63,0
Zink gepreßt	0,06	3,9	17,0

Legierung	Bestandteile	Spezifischer Widerstand ϱ	Temperatur- koeffizient $\alpha \cdot 10^3$	Leitfähig- keit $\varkappa$
Aluminiumbronze .	Cu + Al (5%)	0,13	0,5—1,0	7,5—3,5
Desgleichen . .	Cu + Al (10%)	0,29	0,5—0,10	3,5
Messing	Cu + Zn (30%)	0,07—0,09	1,2—2,0	12,0—15,0
Manganin I . . .	Cu + Mn (12%)	0,43	0,01	2,33
Manganin II . . .	Cu + Mn (30%)	1,073	0,003—0,008	0,93
Konstantan . . .	Cu + Ni	0,49	./. 0,005	2,05
Nickelin	Cu + Ni	0,41—0,43	0,019—0,021	2,4
Chromnickel eisenfrei . . .	Cr-Ni-Mn	1,09	—	0,92
eisenhaltig . .	Cr-Ni-Fe	1,1	—	0,91

B. Lichttechnik.

Licht ist eine elektromagnetische Schwingungsenergie, gekennzeichnet durch die Wellenlänge (λ) und die Frequenz (ν). Die Fortpflanzungsgeschwindigkeit des Lichtes beträgt $3 \cdot 10^8$ m/sek.

Elektromagnetische Schwingungen werden vom menschlichen Auge als Licht wahrgenommen, wenn die Frequenz derselben in dem Bereich von 400 bis 800 Billionen Perioden/sek. liegen ($4-8 \cdot 10^{14}$ Hz). Das angrenzende Gebiet nach der höheren Frequenz umfaßt das der ultravioletten Strahlen, das angrenzende Gebiet nach der niedrigen Frequenz umfaßt das der ultraroten (infraroten) Strahlen.

1. Lichtstärke. Als Grundlage für alle Lichtmessungen gilt die international eingeführte und auch in Deutschland angenommene Einheit der Lichtstärke, die candela (cd.). Dieselbe wird auch Neue Kerze genannt. In den Staatslaboratorien wird sie dargestellt durch den sogenannten Hohlraumstrahler bei der Temperatur des erstarrenden Platins.

Früher war in Deutschland die Hefnerkerze (Hk) gebräuchlich:

$$1 \text{ HK} = 0{,}86 \text{ cd.}$$

2. Lichtstrom. Eine Lichtquelle mit der Einheitslichtstärke (1 cd), welche sich im Mittelpunkt einer Kugel mit dem Radius $r = 1$ befindet,

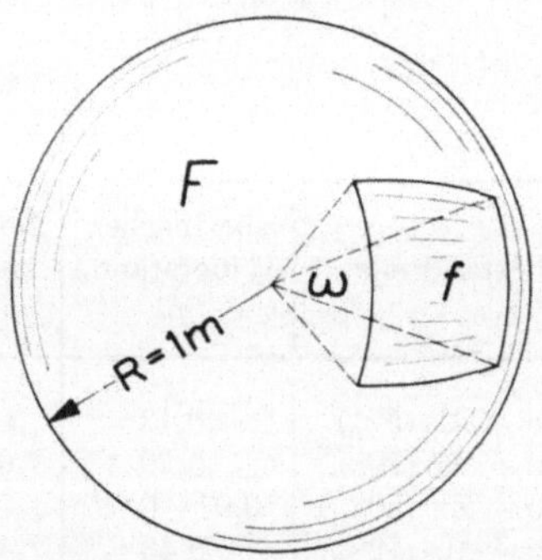

Abb. 103. Einheitskugel mit Oberflächenteil f und Raumwinkel ω.

strahlt auf jeden Quadratmeter Oberfläche der Kugel den Lichtstrom von 1 Lumen (lm). Siehe Abb. 103.

Da die verschiedenen Lichtquellen ihr Licht nicht gleichmäßig in den Raum aussenden, muß man, um den Gesamtlichtstrom zu erhalten, zunächst die mittlere räumliche Lichtstärke der Lichtquelle ermitteln. Dieser Wert, multipliziert mit der Zahl $4\,\pi = 12{,}57$ (Oberfläche der Einheitskugel), ergibt den Gesamtlichtstrom in Lumen (lm), den die Lichtquelle aussendet.

Der Gesamtlichtstrom in Lumen einer Lichtquelle stellt die Lichtleistung derselben dar. Diese Größe kann mit der elektrischen Leistung in Watt in Vergleich gesetzt werden. Das Verhältnis des abgegebenen Lichtstromes zur aufgewendeten elektrischen Leistung ergibt die Lichtausbeute der Lichtquelle und wird gemessen in Lumen je Watt $\left(\dfrac{\mathrm{lm}}{\mathrm{W}}\right)$.

3. Beleuchtungsstärke. Die Beleuchtungsstärke ist 1 Lux (lx), wenn der Lichtstrom von 1 Lumen (lm) gleichmäßig auf die Fläche von 1 qm aufgestrahlt wird oder gleichbedeutend, wenn eine Kerzenstärke (cd) aus der Entfernung von 1 m senkrecht auf ein Flächeteilchen strahlt.

Daher kann die Beleuchtungsstärke aus der Lichtstärke (cd) und dem Abstand a (in m) zwischen der Lichtquelle und dem beleuchteten Flächeteilchen berechnet werden:

$$\text{Beleuchtungsstärke (lx)} = \frac{\text{Lichtstärke}}{a^2}$$

4. Leuchtdichte. Alle Gegenstände und Flächen werden bekanntlich erst dann sichtbar, wenn sie entweder selbst leuchtend sind oder aufgestrahltes Licht zurückstrahlen. Das Verhältnis der Lichtstärke (cd) zu der vom Auge wahrgenommenen Größe der Leuchtfläche (F) wird mit Leuchtdichte bezeichnet.

Die Einheit der Leuchtdichte ist das Stilb: $1\ sb = \dfrac{1\ \mathrm{cd}}{1\ \mathrm{cm^2}}$

Untereinheit für diffus reflektierende Leuchtfläche:

$$1\ \text{Apostilb}\ (asb) = \frac{1}{\pi \cdot 10000}\,sb = 0{,}0000318\ sb \quad \text{oder} \quad 1\ sb = 31415\ asb.$$

1 Apostilb ist also gleich derjenigen Leuchtdichte, welche eine ideal weiße Fläche mit dem Reflektionsgrad $(\varrho = 1{,}0)$ hat, wenn auf ihr die Beleuchtungsstärke 1 lx liegt.

Demnach gilt für angestrahlte Flächen:

$$\text{Leuchtdichte}\ (asb) = \text{Beleuchtungsstärke (lx)} \cdot \text{Reflektionsgrad}\ (\varrho).$$

5. Art der Lichtquellen.

Tageslicht. Das Tageslicht ergibt gegenüber künstlicher Beleuchtung eine wesentlich höhere Beleuchtungsstärke, welche je nach der Tages- und Jahreszeit stark schwankt. Auch die Unterschiede zwischen Sonnenschein und bedecktem Himmel sind sehr groß. Das menschliche Auge hat sich allen diesen Eigenschaften und Schwankungen des Tageslichtes angepaßt.

In welchem Grad die natürliche Beleuchtungsstärke sich ändert, zeigen nachstehende Angaben:

Sommersonne (Mittelwert) . . . . = 80 000 lx
Diffuses Tageslicht vom bedeckten Himmel . . =   5000 lx
Vollmondnacht (reflektiertes Sonnenlicht) . . =   0,25 lx

Elektrische Lichtquellen. a) Glühlampe. Die Glühlampe hat als Leuchtkörper einen Wolframdraht, der zu einer Wendel oder Doppelwendel aufgewickelt ist und auf Temperaturen von $1200°$ bis $1500°$ erhitzt wird. Die Lichtfarbe wird um so weißer, je höher die Temperatur des Leuchtkörpers ist.

Lichtstrom und Lichtausbeute von Glühlampen:

24 V Zuglichtlampen			Allgebrauchslampem					
W	lm	lm/W	W	110 V		W	220 V	
				lm	lm/W		lm	lm/W
15	155	10	25	270	10	25	240	9
25	300	12	40	560	14	40	480	12
40	540	13,5	60	915	15	60	805	13
60	880	14,6	100	1710	17	100	1510	15
100	1620	16						

Die innenmattierte Glühlampe zeigt gegenüber der Klarglaslampe praktisch keine Einbuße an Lichtstrom.

Opalisierte Glühlampen weisen einen Verlust von 6% an Lichtstrom auf.

Bei der Glühlampe mit Klarglaskolben wird die hellglühende Leuchtwendel ungeschützt dem Auge dargeboten. Eine zu große Leuchtdichte aber verursacht Blendung des Auges und muß vermieden werden. Daher sollen Klarglasglühlampen entweder mit Mattglas abgedeckt oder — wenn die Glühlampe ungeschützt angeordnet wird — sollen opalisierte Lampen (z. B. Osram-Silica) angewendet werden. Die Leuchtdichte dieser Lampen beträgt 2 bis 4 *sb*.

Nicht nur die Lichtausbeute, sondern auch die mittlere Lebensdauer der Glühlampe ist bestimmend für ihre Wirtschaftlichkeit. Bei der Glühlampe rechnet man mit einer mittleren Lebensdauer von 1000 Std. Lichtausbeute und Lebensdauer ändern sich erheblich, wenn die Glühlampe mit Unter- oder Überspannung belastet wird. Abb. 104 zeigt die

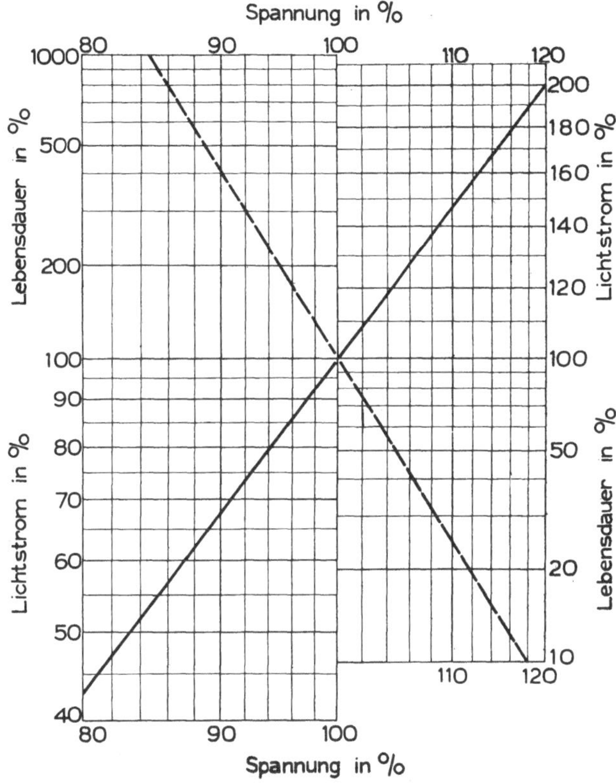

Abb. 104. Lichtstrom und Lebensdauer der Glühlampe
in Abhängigkeit von der Spannung.

Änderung des Lichtstomes und der Lebensdauer in Abhängigkeit von den Spannungsabweichungen vom Sollwert der Glühlampe.

Die Glühlampe für Zugbeleuchtung bei der Deutschen Bundesbahn trägt wohl den Stempel 24 V, ihre Lebensdauer mit 1000 Stunden wird aber bei einer Spannung von 25 V erreicht. Man hat stillschweigend der geringen Überspannung Rechnung getragen, mit welcher die Lampe bei Batterieladung im Durchschnitt belastet wird. Das Reglergerät für Zugbeleuchtung regelt nämlich die Lampenspannung in den Grenzen zwischen 24—26 V, während der Fahrt. Es tritt also nur bei vollgeladener Batterie eine geringe Überspannung über 25 V auf, die 5% von der Nennspannung nicht überschreitet. Wenn man jedoch die Zeit berücksichtigt, während der die Lampe mit Unterspannung brennt, und dadurch eine höhere Lebensdauer erreicht, so kann man — wie praktisch erwiesen — mit einer mittleren Lebensdauer von 1000 Stunden auch beim Zugbeleuchtungsbetrieb rechnen.

In Abb. 105 ist die Lichtverteilungskurve einer Glühlampe wiedergegeben. Die in dieser Kurve angegebenen Werte beziehen sich auf einen Lichtstromwert von 1000 Lumen. Die Werte der Kurven müssen für die betreffenden Lampen proportional ihrem Lichtstrom umgerechnet werden.

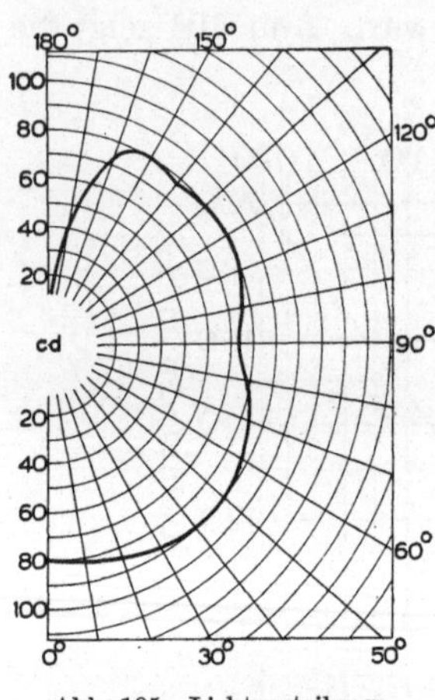
Abb. 105. Lichtverteilungskurve einer Glühlampe.

b) Leuchtstofflampe. Die Leuchtstofflampe mit ihrem Zubehör ist in dem Kapitel „Die Fluoreszenzbeleuchtung in Eisenbahnfahrzeugen“ näher beschrieben. Der Lichtstrom und die Lichtausbeute sind aus der nachstehenden Tabelle für die gebräuchlichen Lampentypen (Osram) zu ersehen.

Lichtstrom — Lichtausbeute.

Type	W	Länge Durchmesser mm	Lichtstrom (lm)	Lichtausbeute o.Vorschaltgerät lm/W
Bellalux (HNG) HNW } 90	20	590 38	770 850	39 43
Bellalux (HNG) HNW } 120	25	970 38	1150 1300	46 52
Bellalux (HNG) HNW } 200	40	970 38	1650 1850	41 46
Bellalux (HNG) HNW HNH } 202	40	1200 38	1850 2150 2400	46 54 60
Bellalux (HNG) HNW HNH } 400	65	1500 38	3100 3450 4000	48 53 61

Die Lichtfarbe der Leuchtstofflampe wird durch die Buchstaben G, W, H, L, T gekennzeichnet:

HNW = Weiß. Angenehmer Farbton, hohe Lichtausbeute. Zweckmäßig für Arbeits-, Büro- und Verkaufsräume.

HNH = Hellweiß, ähnlich wie HNW, jedoch mit höherer Lichtausbeute.

HNT = Tageslicht weiß (bei bedecktem Himmel).

Bellalux (HNG) = Das schöne Licht.

Es gibt jedoch noch andere Farbtöne:

HNI de Luxe = warmweißes Licht, besonders geeignet für Wohn- und Gasträume, auch in Verbindung mit Glühlampen,

HNI = warmweißes Licht (ähnlich HNI de Luxe), jedoch mit höherer Lichtausbeute.

Abb. 106 zeigt die Lichtverteilungskurve einer Leuchtstofflampe. Die in diesen Kurven angegebenen Werte beziehen sich auf einen Lichtstrom von 1000 Lumen und sind für eine bestimmte Lampe proportional dem Lichtstrom derselben umzurechnen.

Die Leuchtdichte der Leuchtstofflampen beträgt etwa 0,4 sb. Daher kann sie frei montiert werden, ohne Blendung befürchten zu müssen.

6. Einbau der Lichtquelle. Das von der Lichtquelle gespendete Licht muß durch zweckentsprechende Leuchten blendungsfrei und gut verteilt bzw. gerichtet in den Raum ausgestrahlt werden. Um dies zu erreichen,

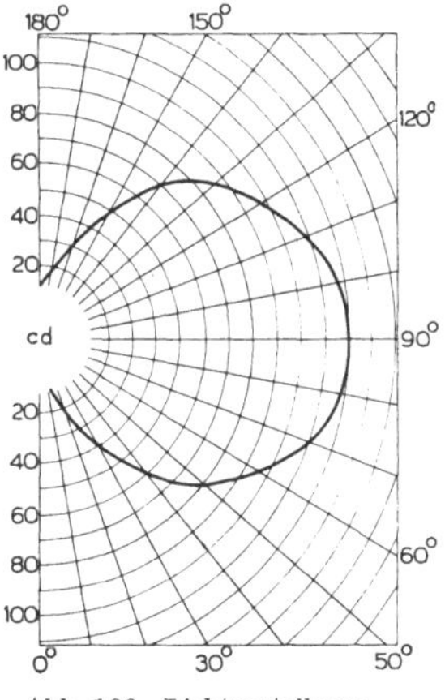

Abb. 106. Lichtverteilungskurve einer Leuchtstofflampe.

darf die Leuchtdichte der Leuchten nicht über folgenden Werten liegen:

bei Arbeitsplatz-Beleuchtung 0,2 sb im Ausstrahlungswinkel 75—180°,
bei allgemeiner Beleuchtung   0,4 sb im Ausstrahlungswinkel 30—90°.

Die Wirkungsweise der Leuchten beruht auf Rückstrahlung und Durchlässigkeit ihrer Baustoffe, wodurch die Leuchtdichte auf einen die Blendung ausschließenden Wert herabgesetzt wird. Wenn auch dabei Lichtverluste eintreten, so muß dies gegenüber den Vorteilen einer zweckentsprechenden Beleuchtung mit in Kauf genommen werden. Wenn jedoch für die Überfanggläser der Leuchten ein Werkstoff gewählt wird, der günstige Eigenschaften in bezug auf Durchlaß, Rückstrahlung und Absorbtion aufweist, können die Lichtverluste wesentlich vermindert werden.

Der auf einen Stoff auffallende Lichtstrom kann durchgelassen (transmittiert) oder zurückgestrahlt (reflektiert) oder verschluckt (absorbiert)

werden. Daneben spielt auch die Art der Streuung und das Streuvermögen
eine Rolle. Man unterscheidet daher den Reflexionsgrad ϱ, den Absorb-
tionsgrad a, den Transmissionsgrad τ und das Streuvermögen σ. Die nachstehende Tabelle gibt diese Werte für verschiedene Baustoffe und Anstriche:

Baustoffe	Dicke mm	Reflexion %	Transmiss. %	Absorbtion %	Streuverm. %
Glas, klar	2—4	6—8	90—92	2—4	—
Glas, innen mattiert .	2—3	6—16	75—90	3—11	3—6
überfangen . .	2—4	30—75	15—60	5—20	70—90
Ornamentglas	3—5	10—25	50—90	3—20	5—15
Zellon	1	50	20	25	60—90
Papierkarton, leicht getönt	—	70	8	30	60—90
Silberspiegel	—	70—85	—	15—30	—
Email weiß	—	65—70	—	30—35	80—90
Aluminium mattiert .	—	55—60	—	40—55	10—20
Ahorn und Birke . .	—	60	—	40	—
Nußbaum	—	20	—	80	—
Ölfarbanstrich, weiß .	—	80	—	—	—
dto., hellgelb . . .	—	60	—	—	—
dto., hellbraun . .	—	30	—	—	—
dto., mittelgrau . .	—	25	—	—	—

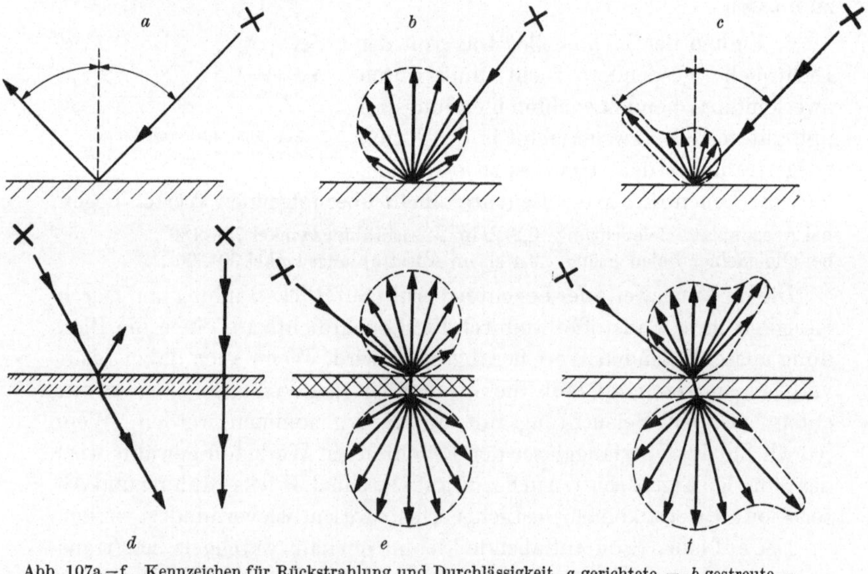

Abb. 107a—f. Kennzeichen für Rückstrahlung und Durchlässigkeit. a gerichtete —, b gestreute —,
c gemischte Rückstrahlung, d gerichtete —, e gestreute —, f gemischte Durchlässigkeit.

In Abb. 107 sind die möglichen Arten der Transmission und Reflexion, verbunden mit der dabei auftretenden Streuung, dargestellt.

Die Überfanggläser von Beleuchtungskörpern und die Lichtabdeckungen können so geformt und angebracht sein, daß sie eine direkte, halbdirekte oder indirekte Beleuchtung ergeben. Das Durchlaßvermögen der Überfanggläser kann auch verlaufend sein, so daß an den verschiedenen Flächen der Lichtaustritt mehr oder weniger stark stattfinden kann. Dadurch läßt sich jede gewünschte Lichtverteilung erzielen. Abb. 108 zeigt die Lichtverteilungskurve von Leuchten mit verschiedener Lichtverteilung.

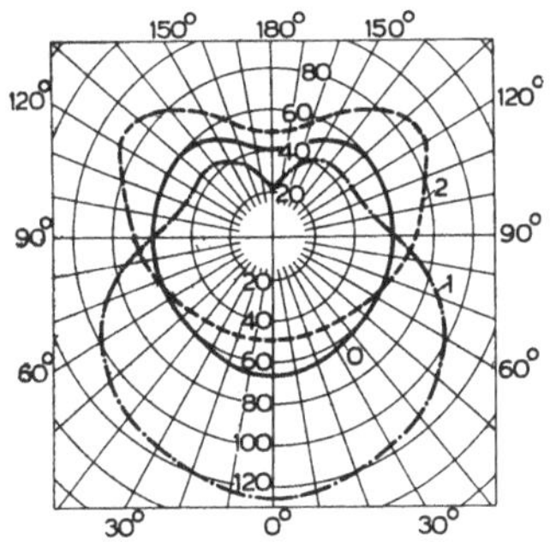

Abb. 108. Lichtverteilungskurven verschiedener Leuchten: 0 = Halbdirekt, 1 = Vorwiegend direkt, 2 = Halbindirekt.

7. Wahl der Beleuchtungsstärke. Wenn auch das Auge imstande ist, sich auf stark abweichende Beleuchtungsverhältnisse bei Tageslicht und künstlichem Licht einzustellen, so nimmt jedoch seine Sehschärfe bei zu geringer Beleuchtung stark ab. Auch die Ermüdung des Auges tritt frühzeitig ein. Nachstehend sind die im Normblatt DIN 5035 gebräuchlichen Beleuchtungsstärken aufgeführt.

Raumart	Art der Arbeit	Allgemein-beleuchtung lx	Platz-beleuchtung lx
Arbeitsstätten und Büros	mittelfeine Arbeiten,	40—80	100—300
	feine Arbeiten, Lese- und Schreibarbeiten	80—150	300—1000
Aufenthalts- u. Wohnräume	mittlere Ansprüche	40— 80	100—300
	hohe Ansprüche	80—250	300—1000

Bei der Beleuchtung in Eisenbahnfahrzeugen muß für die richtige Wahl der Beleuchungsstärke noch der Umstand in Betracht gezogen werden, daß man während der Fahrt infolge der Fahrerschütterungen keinen festen Stand hat. Der zu betrachtende Gegenstand befindet sich also in einer mehr oder weniger großen Bewegung zum betrachtenden Auge. Es ist daher zweckmäßig, die Beleuchtungsstärke um den Faktor 1,3 höher anzusetzen.

Bei der Beleuchtung mit Achsgenerator ist man in dem Aufwand an elektrischer Energie beschränkt. Nach den neuesten RIC-Vorschriften soll die Beleuchtungsstärke in allen Wagenklassen mindestens 80 Lux für jeden Sitzplatz betragen. Das gilt bei 0,8 m Lesehöhe und 0,4 m Abstand von der Rückenlehne. Die nachstehende Tabelle zeigt die bisher mit Glühlampen erreichten Werte der Beleuchtungsstärke und die neuerdings möglichen Beleuchtungsstärken bei Anwendung von Leuchtstofflampen, wobei die gleichgroße Stromerzeugeranlage in beiden Fällen zugrunde gelegt ist.

	Glühlampen lx	Leuchtstofflampen lx
Bei Allgemeinbeleuchtung:		
Salonwagen	60—90	150—250
D-Zug-Wagen.	40—60	80—150
Personenwagen (in Personen- u. Nebenbahnzügen laufend)	30—50	70—120
Bei Platzbeleuchtung:		
Schreibpult und Brieffächer (in Post- u. Gepäckwagen).	60—120	200—400

Abb. 109. Beleuchtungsmesser.

Eine subjektive Feststellung der Beleuchtungsstärke ist auch einem geübten Auge schwer möglich. Für eine exakte Messung der Beleuchtung ist es zweckmäßig, einen Beleuchtungsmesser zu benützen. Das Meßgerät besteht aus einer Fotozelle und einem Strommesser, welcher direkt in Lux geeicht ist (s. Abb. 109). Die Fotozelle ist mit dem Meßinstrument durch ein flexibles Kabel verbunden. Um auch die Lichtfarbe zu berücksichtigen, können auf die Fotozelle die entsprechenden Filter aufgesetzt werden.

8. Richtlinien für die Projektierung einer Innenraumbeleuchtung. Der für die Ausleuchtung des Raumes erforderliche Lichtstrom Φ in lm wird ermittelt: $\Phi = \dfrac{E \cdot F}{\eta}$

Dabei bedeutet:

$E =$ Beleuchtungsstärke in lx
$F =$ die Grundfläche des Raumes in qm
$\eta =$ der Beleuchtungswirkungsgrad.

Die Verluste, welche durch Absorbtion und Reflexion entstehen, werden durch die Wahl des Beleuchtungswirkungsgrades η aus der nachstehenden Tabelle berücksichtigt. Diese Zahlen sind Näherungswerte, wobei auch der Leuchtenwirkungsgrad, der zwischen 95—65% liegt, mit 80% einbezogen ist. Die Meßebene wird 1 m über dem Fußboden angenommen.

Beleuchtungsart	direkt		vorwiegend direkt		gleichförmig		vorwiegend indirekt		indirekt	
Raum-Eigenschaften	hell	dunkel	hell	dunkel	hell	dunkel	hell	dunkel	hell	dunkel
Große, niedere Räume	0,50	0,45	0,45	0,30	0,38	0,25	0,33	0,20	0,30	0,15
Kleine, hohe Räume	0,45	0,40	0,35	0,25	0,30	0,20	0,25	0,15	0,20	0,10

Berechnungsbeispiel: Ausleuchtung eines Gästeraumes in einem Speisewagen. Grundfläche 7 m $\times$ 2,75 m $=$ 19,5 m². Geforderte Beleuchtungsstärke in 1 m Höhe über dem Fußboden: $E = 80\,lx$. Beleuchtung durch Glühlampen 24 V 100 W. Der Wirkungsgrad wird mit 0,25 angenommen. Dieser Wert ist der obenstehenden Tabelle für gleichförmige Beleuchtungsart, für kleinen, hohen Raum, und zwar als Mittelwert zwischen hell und dunkel (d. i. 0,30—0,20) entnommen.

Es ergibt sich: $\Phi = \dfrac{E \cdot F}{\eta} = \dfrac{80 \cdot 19{,}5}{0{,}25} = 6300$ lm

Eine Glühlampe 24 V, 100 W hat einen Lichtstrom von 1620 lm. Es werden daher 4 Glühlampen mit zusammen 6480 lm vorgesehen. Die Beleuchtungsstärke ergibt sich nunmehr wie folgt:

$$E = \frac{\Phi \cdot \eta}{F} = \frac{6480 \cdot 0{,}25}{19{,}5} = 82 \text{ lx}$$

C. Stromwärme für Koch- und Heizzwecke.

1. Wärmeeinheiten: Eine Kilokalorie (kcal) ist die Wärmemenge, die 1 kg Wasser (bei 760 Torr) von 14,5° auf 15,5° C erwärmt. (Die mittlere Kilokalorie ist $^1/_{100}$ der Wärmemenge, die 1 kg Wasser von 0° auf 100° C erwärmt).

Die spez. Wärme c (kcal/kg, °C) ist die Wärmemenge, die 1 kg eines Stoffes um 1° C erwärmt (für Wasser $c = 1$).

Um G kg eines Stoffes um t°C zu erwärmen, sind $Q = G \cdot c \cdot t$ (kcal) erforderlich.

Spez. mittlere Wärme (c) für verschiedene Stoffe:

$$
\begin{aligned}
&\text{Eisen} \dots \dots \dots \dots \dots 0{,}11 \\
&\text{Holz} \dots \dots \dots \dots \dots 0{,}57 \\
&\text{Kupfer} \dots \dots \dots \dots 0{,}094 \\[4pt]
&\text{Luft} \dots \dots \dots \dots \dots 0{,}25 \\
&\text{Öl} \dots \dots \dots \dots \dots 0{,}40 \\
&\text{Ziegelstein} \dots \dots \dots 0{,}20
\end{aligned}
$$

2. Erwärmung von Wasser: Die elektrische Arbeit wird im Heizkörper in Wärme umgesetzt. Dem Verbrauch von einer kWh entspricht die Erzeugung von 860 Wärmeeinheiten (kcal). Da bekanntlich die erzeugte Wärme nicht restlos ausgewertet wird, sondern ein geringer Teil durch Abwärme verlorengeht, so beträgt die erforderliche elektrische Arbeit zur Erwärmung von Wasser

$$A = \frac{G \cdot t}{\eta \cdot 860} \text{ kWh}$$

worin bedeutet:

$G =$ die Wassermenge in l

$t =$ die Temperaturerhöhung in ° C.

$\eta =$ der Wirkungsgrad.

Der Wirkungsgrad beträgt:

bei Tauchsiedern, elektr. Kochern, Bügeleisen . . 0,70—0,85
bei Heißwasserspeichern . . . . 0,85—0,90
bei Kochplatten . . . . 0,60—0,75.

Für die Bereitung von 10 l Heißwasser von 15 auf 85° C in einem Warmwasserspeicher ist etwa 1 kWh erforderlich.

D. Technische Angaben über Zugbeleuchtung.
(Vorzugsweise in Deutschland angewendet.)

1. Achsgenerator und Antrieb.

a) Wahl der Spannung und Leistung des Generators
sowie der Kapazität der Batterie.

Die Spannung der Anlage richtet sich nach dem Anschlußwert und der Ausdehnung des Lampennetzes. Normalspannung 24 V, bei hoher Leistung 110 V. Die Leistung des Generators soll das 1,5 bis 3fache der Netzlast betragen.

Die Leistung des Achsgenerators muß für alle Betriebsverhältnisse, welche für den Wagen in Frage kommen können, ausreichen. Während bei den D-Zügen im Durchschnitt lange Fahrten mit großer Geschwindigkeit und kurze Aufenthalte vorkommen, sind bei den Personenzügen sowie auf Nebenbahnen kurze Fahrten mit geringer Geschwindigkeit und viele und lange Aufenthalte vorwiegend. Innerhalb dieser kurzen Fahrten muß der Generator für die Ladung der Batterie genügend Strom liefern. Deshalb ist es notwendig, daß er schon bei niedriger Drehzahl auf Leistung kommt.

Erfahrungswerte:

Bei Einzelwagenbeleuchtung	*Generatorleistung*	*Spannung*
für 2 und 3 achsige Personenwagen	0,75—2,0 kW	24 V
für 4 achsige Personenwagen	2,0 —4,5 kW	
bei durchgehender Zugbeleuchtung	*Generatorleistung*	*Spannung*
für Nebenbahnzüge	2,0—3,5 kW	24 V
	85 V, 110 V.	

Die Kapazität der Batterie soll so bemessen sein, daß von ihr die Beleuchtung des Wagens fünf Stunden gespeist werden kann.

Eine große Kapazität bringt betriebliche Vorteile. Die Gefahr, daß die Beleuchtung ausfällt, ist geringer. Die durchschnittliche Leistung des Generators ist höher als bei kleiner Batteriegröße.

Die Beleuchtung bei Stillstand ist besser, weil die Batterieentladespannung höher liegt.

b) Elektrische Daten und Gewichte der gebräuchlichen Lichtgeneratoren für Zugbeleuchtung.

Type	Spannung V	Strom-stärke A	Umdrehung Min.	Gewicht kg	Bemerkungen
G	24—30	0—25	360/480/2700	90	ältere Bau-
Gp	24—30	0—30	345/440/2500	90	arten der DB
E	24—30	0—40	310/400/2200	160	und DBP
Ep	24—30	0—45	330/415/2200	110	

Neuere Generatoren der Deutschen Bundesbahn und Bundespost.

Langsamläufer

D 50	24—30	0—50	360/450/2200	85	
Ds 50	24—30	0—50	430/630/2700	80	(Abb. 110)
Dp I*	24—30	0—70	335/440/2200	145	
D 85*	24—30	0—85	350/440/2200	145	(Abb. 111)
Dg 100*	24—30	0—100	340/450/2400	145	
D 120*	24—30	0—120	400/550/2200	160	
D 150*	24—30	0—150	440/560/2200	190	(Abb. 112)
Ds 150*	24—30	0—150	450/570/2400	180	

* Diese Generatoren können auch für Kardanantrieb verwendet werden. Sie erhalten dann die Zusatzbezeichnung „k"

Schnelläufer

D 25	24—30	0—25	1000/1300/5000	22	
D 62	24—30	0—62	1100/1275/4500	32.	
Dg 70	24—30	0—70	650/1000/3600	54	

Generatoren für höhere Spannungen

Dg 7014 k	110—140	0—70	450/2800	260	Kardanantrieb
ZOG 181	110—140	0—85	500/2700	820	Zahnradantrieb
ZOG 190	110—140	0—145	500/2700	930	Zahnradantrieb

Generatoren der stromregelnden Bauart GEZ

RZG 103	24—32	0—45	350/2400	110	
RZG 203	24—32	0—70	350/2400	165	

c) Prüfvorschriften.

Für die Achsgeneratoren gelten in Deutschland die VDE-Vorschriften 0535/1.55 „Regeln für elektrische Maschinen und Transformatoren auf Bahnen und anderen Fahrzeugen" (REB). Der Fahrwind darf nach

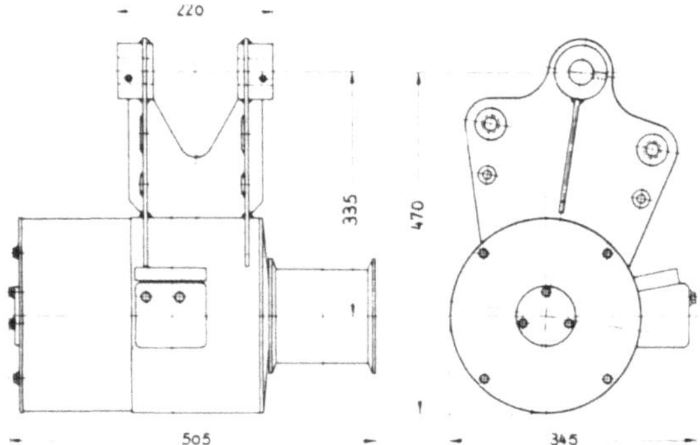

Abb. 110. Maßbild des Generators für Riemenantrieb
(Ds 50).

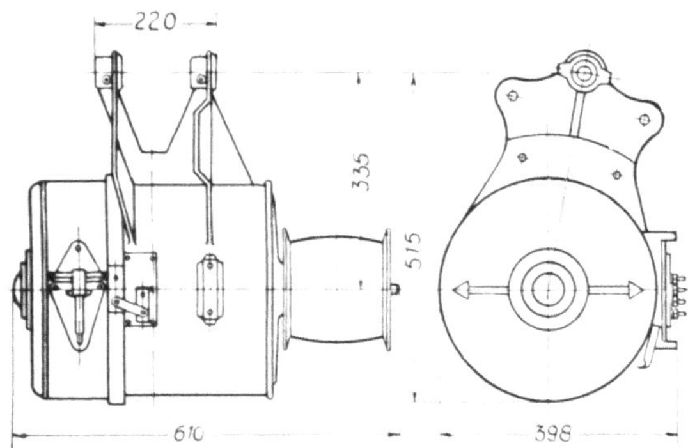

Abb. 111. Maßbild des Generators für Riemenantrieb
(Dp I und Dg 100).

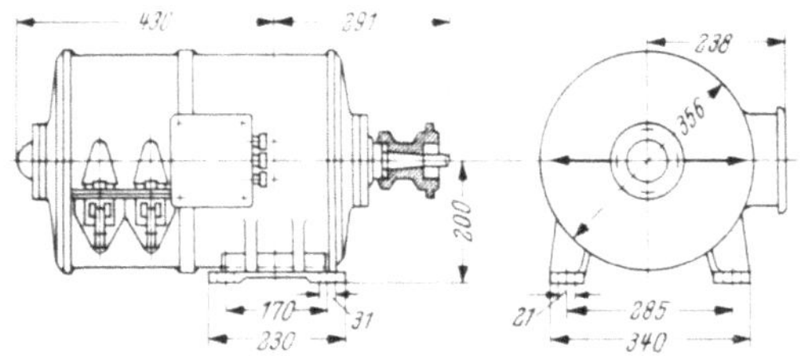

Abb. 112. Maßbild des Generators für Kardanantrieb
(D 150 und Ds 150k).

§ 15 dieser Vorschrift nachgeahmt werden. Von der Deutschen Bundesbahn ist die Windgeschwindigkeit für die Nachahmung des Fahrwindes mit 10 m/sek festgelegt.

Klemmenbezeichnung an der Gleichstrommaschine:

A entspricht $+M$	für Wechselstromabnahme	
B „ $-M$	bei Transduktorregelung:	
C „ $+E$	R und T	
D „ $-E$		

Für Maschinen mit Wendepolen s. Abb. 47 auf S. 65.

d) Geschwindigkeitsschätzung auf der Eisenbahnfahrt.

Geschwindigkeiten in km/h nach der Zahl der auf einer Meßstrecke von 200 m bzw. 1000 m gezählten Sekunden.

v (km/h)	Sek./200m	Sek./1000 m	v (km/h)	Sek./200 m	Sek./1000 m
200		17,50	40	18,00	
190		19,00	38	19,00	
180		20,00	36	20,00	
170		21,30	34	21,20	
160	4,50	22,50	32	22,50	
150	4,80	24,00	30	24,00	
140	5,14	25,70	29	24,80	
130	5,54	27,70	28	25,70	
120	6,00	30,00	27	26,70	
110	6,54	32,70	26	27,70	
100	7,20	35,00	25	28,80	
95	7,60	38,00	24	30,00	
90	8,00	40,00	23	31,30	
85	8,50	42,50	22	32,70	
80	9,00	45,00	21	34,30	
76	9,50	47,50	20	36,00	
72	10,00	50,00	19	37,90	
70	10,30	51,50	18	40,00	
66	10,90	54,50	17	42,40	
62	11,60	58,00	16	45,00	
60	12,00	60,00	15,5	46,50	
56	12,90	64,50	15	48,00	
52	13,90	69,50	14,5	49,70	
50	14,40	72,00	14	51,40	
48	15,00	75,00	13,5	53,50	
46	15,70		13	55,40	
44	16,40		12,5	57,60	
42	17,10		12	60,00	

Mit Hilfe einer Stoppuhr ermittelt man an den Kilometersteinen längs der Fahrbahn die Zeit, welche sich für eine Meßstrecke von 200 m oder 1000 m ergibt. Aus der obigen Tabelle kann der Wert v (km/h) entnommen werden.

e) Berechnung verschiedener Größen am Generator.

Drehzahl:

$$n = \frac{v \cdot 1000}{60 \cdot 3{,}14 \cdot D} \cdot \frac{d_1}{d_2} = 5,3 \cdot v \cdot \frac{1}{D} \cdot \frac{d_1}{d_2}$$

$\dfrac{d_1}{d_2} =$ Übersetzungsverhältnis.

Abgenommene Leistung

$$N_{ab} = \frac{U \cdot J}{1000} \text{ kW}$$

Leistung an der Generatorscheibe

$$N_{zu} = \frac{U \cdot J}{\eta \cdot 1000} \text{ kW}$$

$$N_{zu} = \frac{U \cdot J}{\eta \cdot 736} \text{ PS}$$

Drehmoment an der Generatorwelle

$$M = 0{,}975 \frac{U \cdot J}{\eta \cdot n} \text{ mkg}$$

Umfangskraft an der Generatorscheibe

$$P = 1950 \frac{N_{zu}}{d_2 \cdot n} = 1{,}95 \frac{U \cdot J}{\eta \cdot d_2 \cdot n} \text{ kg}$$

(1 kW = 1,36 PS bzw. 1 PS = 0,736 kW.)

Es bedeutet:

$N_{ab} =$ abgenommene Leistung in kW.

$N_{zu} =$ zugeführte Leistung (an der Generatorscheibe) in kW.

$U \quad =$ Generatorspannung in Volt.

$I \quad =$ Generatorstrom in A.

$\eta \quad =$ Wirkungsgrad des Generators (etwa 0,75).

$n \quad =$ Drehzahl des Generators je Minute.

$v \quad =$ Zuggeschwindigkeit in km je Stunde.

$D \quad =$ Durchmesser des Wagenrades in m.

$d_1 \quad =$ Durchmesser der Antriebsscheibe in m.

$d_2 \quad =$ Durchmesser der Generatorscheibe in m.

Drehzahl des Generators, abhängig von der Zuggeschwindigkeit.

(Laufrad-Durchmesser 960 mm.)

d_1/d_2	10	20	30	40	60	80	100	120	140	160	v (km/h) = Zuggeschwindigkeit
	55	111	166	222	333	444	555	666	777	888	U/min der Wagenachse
2	110	222	332	444	666	888	1110	1332	1554	1776	
2,5	138	278	415	555	832	1110	1338	1665	1942	2220	
3	165	333	498	666	999	1332	1665	1998	2331	2664	
3,5	193	389	581	777	1166	1554	1943	2331	2719	3108	U/min
4	220	444	664	888	1332	1776	2220	2664	3108	3552	der
4,5	248	500	747	999	1499	1998	2498	2997	3496	3996	Generatorwelle
5	275	555	830	1110	1665	2220	2775	3330	3885	4440	
5,5	303	611	913	1221	1832	2442	3053	3663	4273	4884	
6	330	666	996	1332	1998	2664	3330	3996	4662	5328	
7	386	778	1162	1554	2332	3108	3886	4662	5438	6216	
8	440	888	1328	1776	2664	3552	4440	5328	6216	7104	
10	550	1110	1660	2220	3330	4440	5540	6660	7770	8880	

Auf S. 46 ist diese Tabelle in Kurven aufgetragen.

Das Übersetzungsverhältnis $\dfrac{d_1}{d_2}$ muß so gewählt werden, daß bei höchstmöglicher Zuggeschwindigkeit die zulässige Höchstdrehzahl des Generators nicht überschritten wird. Der Drehzahlbereich des Generators und das gewählte Übersetzungsverhältnis legt damit die Zuggeschwindigkeit fest, bei welcher der Generator auf die Batterie geschaltet wird und bei welcher er die Nennleistung abgibt. Bei Vollbahnen soll die Einschaltdrehzahl bei einer Zuggeschwindigkeit von 20—28 km/h und die niedrigste Vollastdrehzahl bei 30—40 km/h erreicht werden. Bei Nebenbahnen sollen diese Geschwindigkeiten bei 12—16 km/h und bei 18—25 km/h liegen.

f) Angaben über den Riemenantrieb.

Die Riemenvorspannung beträgt bei Balata-Flachriemen oder Gummigeweberiemen 120—180 kg, bei Siegling-Flachriemen 100 bis

130 kg, bei Keilriemen 20—40 kg. Damit die Verbindung des Riemens nicht gefährdet wird, soll die Riemengeschwindigkeit möglichst den Wert von 20 m/sec nicht überschreiten.

Die Riemengeschwindigkeit V_r ergibt sich:

$$V_r = \frac{d \cdot 3{,}14 \cdot n}{60} = \frac{d \cdot n}{19{,}1} \text{ in m/sek.}$$

Dabei:

$d =$ Durchmesser (m) einer der beiden Riemenscheiben,

$n =$ die zugehörige Drehzahl je Minute.

Gebräuchliche Breite

des Gummigeweberiemens:	90,	110,	125 mm
des Siegling-Riemens: (Extramultus)	25,	50,	70 mm

Der gebräuchliche Laufflächen- $\varnothing$ der Achsriemenscheibe:

400,   500,   550,   650 mm

der Generatorriemenscheibe:

200,   160,   125,   80,   70 mm.

2. Reglergeräte.

a) Kohleregler. Reglergerät (*Pintsch*) mit Feldregler, Selbstschalter und Lampenregler.

Type	WK 50	WK 50 P
Spannung	25/28,5/30,5 V	25/30 V
Generatorstrom bis	85 A	150 A
Lampenstrom	7—50 A	7—50/75 A
Feldstrom	0,35—5,0 A	0,35—5,0 A
Mindestfeldwiderstand	4,5 Ω	4,5 Ω
Gewicht	25 kg	26 kg
Außenmaße	410×360×210 mm	410×360×210 mm

S. Abb. 113.
(Reglergerät mit Schalttafel).

Reglergerät (*Pintsch*) mit Feldregler und Selbstschalter.

Type	KR 101	KR 150
Spannung	25/28,5/30,3 V	25/28,5/30,3 V
Generatorstrom bis . . .	85 A	150 A
Lampenstrom bis	50 A	75 A
Feldstrom	0,35—5,0 A	0,35—5,0 A
Mindestfeldwiderstand . .	4,5	4,5
Gewicht	8 kg	8 kg
Außenmaße	350× 264× 135 mm	350× 264× 135 mm

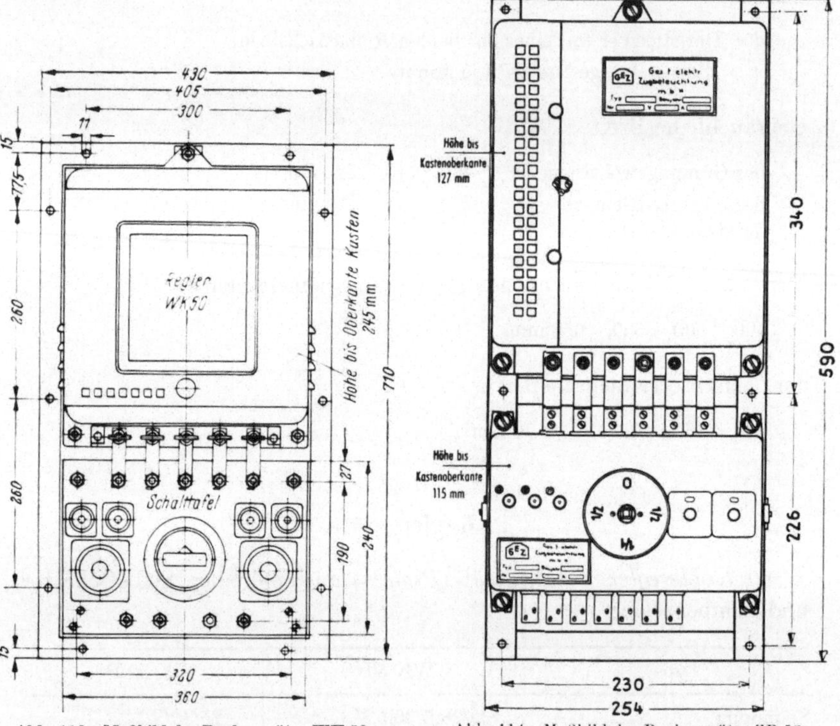

Abb. 113. Maßbild des Reglergerätes WK 50
mit Schalttafel.

Abb. 114. Maßbild des Reglergerätes ZR 50
mit Schaltkasten.

Kohlelampenregler (GEZ)

Type	NKR-einsäulig	NKR-zweisäulig
ungeregelte Spannung . .	26/32 V	26/32 V
geregelte Spannung . . .	25,5 V	25,5 V
Lampenstrom	45 A	90 A
Gewicht	8,— kg	15,— kg
Außenmaße	320× 170× 135 mm	380× 270× 160 mm

b) Stufenkontaktregler. Reglergerät (GEZ) mit Feldregler und Selbstschalter.

Type	ZR 50 s
Spannung	24/32 V
Generatorstrom bis .	150 A
Lampenstrom bis . . .	75 A
Feldstrom	0,35—6,0 A
Mindestfeldwiderstand . .	etwa 4,5 Ω
Gewicht	11,— kg
Außenmaße	340×250×130 mm

S. Abb. 114.

Reglergerät (BBC) mit Feldregler und Selbstschalter.

Type	GMB 1 und GDB 1
Spannung	24/30 V
Generatorstrom normal bis	130 A
Lampenstrom bis	70 A
Feldstrom	0,5—6 A
Gewicht	12,— kg
Außenmaße	400×310×200 mm

c) Schwingkontaktregler (Kleinlichtregler) mit Feldregler und Selbstschalter.

Reglergerät (Bosch) Type RS/KB 300/500/24/1

Spannung	24/30 V
Lampenleistung bis . . .	400 W
Gewicht	4,5 kg
Außenmaße	235×190×120 mm

d) Apparate und Schaltkasten für Querfeldgenerator (GEZ).

Type	QAS
Spannung	24/32 V
Generatorstrom bis . . .	70 A
Lampenstrom bis	40 A
Feldstrom	3—4 Amp.
Gewicht	10 kg
Außenmaße	410×265×140 mm

3. Batterien für Zugbeleuchtung.

a) Blei-Akkumulator, mit positiven Großoberflächenplatten, Type Gro.

Batterie-type	Zellen je Trog	Gewicht mit Füllung kg	Ah bei 5 Std. Entladg.	Ladestrom bis Gasung / ab Gasung A	Abmessungen des Troges mm		
					l	b	h
2 Gro 60 [1] (2 GO 50)	4	68	60	$\dfrac{18\,[2]}{6}$	488	260	365
2 Gro 60 (2 GO 50)	6	98	60	$\dfrac{18}{6}$	659	260	365
3 Gro 90 (3 GO 50)	4	92	90	$\dfrac{27}{9}$	610	260	365
4 Gro 120 (4 GO 50)	3	90	120	$\dfrac{36}{12}$	590	260	365
5 Gro 150 (5 GO 50)	2	75	150	$\dfrac{45}{15}$	507	260	365
6 Gro 180 (6 GO 50)	2	89	180	$\dfrac{54}{18}$	590	260	365
7 Gro 210 (7 GO 50)	2	102	210	$\dfrac{63}{21}$	645	260	365
8 Gro 240 (8 GO 50)	1	59	240	$\dfrac{72}{24}$	416	260	365
8 Gro 240 (8 GO 50)	2	118	240	$\dfrac{72}{24}$	710	260	365

S. Abb. 115.

[1] Bezeichnungen gemäß DIN 43567 Bl. 1.
[2] Im Bedarfsfall auch höher, jedoch nur bis zu Beginn des Gasung.

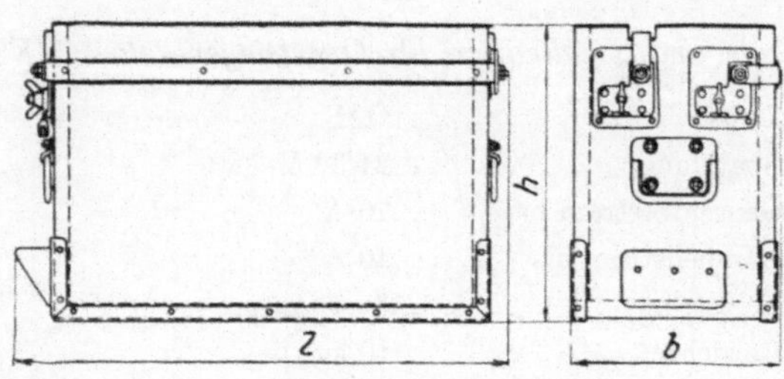

Abb. 115. Maßbild des Batterietroges.

b) Blei-Akkumulator mit positiven Panzerplatten, Type Pz.

Batterie-type	Zellen je Trog	Gewicht mit Füllung kg	Ah bei 5 Std. Entladg.	Ladestrom bis Gasung / ab Gasung A	Abmessungen des Troges mm		
					l	b	h
2 Pz 60	6	65	60	$\dfrac{10^*}{5}$	659	260	365
2 Pz 60	4	44	60	$\dfrac{10}{5}$	487	260	365
3 Pz 90	6	85	90	$\dfrac{16}{7}$	659	260	365
4 Pz 120	4	76	120	$\dfrac{22}{9}$	612	260	365
4 Pz 120	3	58	120	$\dfrac{22}{9}$	595	260	365
6 Pz 180	3	84	180	$\dfrac{32}{13}$	595	260	365
6 Pz 180	2	58	180	$\dfrac{32}{13}$	595	260	365
8 Pz 240	2	78	240	$\dfrac{43}{18}$	595	260	365
10 Pz 300	2	85	300	$\dfrac{54}{22}$	595	260	365
11 Pz 330	2	100	330	$\dfrac{60}{25}$	595	260	365

S. Abb. 115.

* Im Bedarfsfall auch höher, jedoch nur bis zu Beginn der Gasentwicklung.

c) Stahl-Akkulumator mit positiven und negativen Taschenplatten der Type Nickel-Cadmium.

Batterie-type	Zellen je Träger	Gewicht mit Füllung kg	Ah bei 5 Std. Ent-ladung Ah	Höchst-zulässiger Ladestrom strom A	Abmessungen des Trägers mm		
					l	b	h
N C 46	9	27	46	13	445	278	280
N C 60	6	40	60	18	465	256	365
N C 90	6	51	90	27	590	256	365
N C 120	5	50	125	37	573	256	365
N C 180	3	43	185	55	573	256	365
N C 240	3	50	240	72	573	256	365
N C 360	3	67	365	110	536	$\frac{256}{230}$	395
N C 85	6	50	90	27	465	256	365
N C 150	6	62	150	45	574	256	365
N C 270	3	54	270	81	573	256	365
N C 390	3	67	390	120	538	256	395

S. Abb. 115.

d) Abmessungen des Batteriebehälters (Holzbauart).

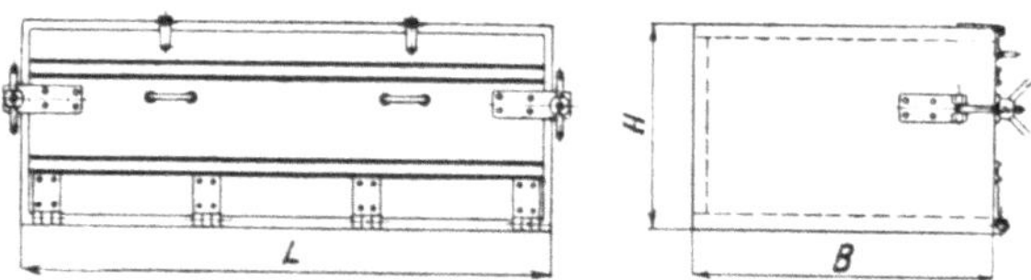

Abb. 116. Maßbild des hölzernen Batteriebehälters.

Maß H einheitlich = 450 mm, jedoch bei den Batterietypen N C 360 und NC 390: H = 495 mm.

Zellen je Trog	Batterie-type	Zellen-je Trog	Batterie-type	Zellen je Träger	Batterie-type	Maß B mm
4	2 Gro 60		—		—	555
6	2 Gro 60	6	2 Pz 60	6	N C 85	720
4	3 Gro 90	4	4 Pz 120	6	N C 90	675
3	4 Gro 120	3	4 Pz 120	5	N C 120	660
2	6 Gro 180	3	6 Pz 180	3	N C 180	660
	—	2	6 Pz 180	3	N C 240	660
	—	2	8 Pz 240	6	N C 150	660
	—	2	10 Pz 300	3	N C 270	660
	—	2	11 Pz 330		—	660
1	8 Gro 240					480
2	8 Gro 240					775
	—		—	3	N C 360	600
	—		—	3	N C 390	600

Das Maß *L* des Batteriebehälters ist:

bei 2	3	4	5	6	Trog
L 706	976	1246	1516	1934	mm

e) Zubehör zum Batteriebehälter.

Der statische Entlüfter (Abb. 117) wird an der Rückseite des Behälters angebaut.

Die Batterieanschlußklemme mit Gußwanne wird vorzugsweise bei eisernen Batteriebehältern angewendet. Sie wird in jede Seitenwand des Behälters eingelassen.

Damit die Batterietröge von dem Wagen isoliert stehen, werden am Boden des Batteriebehälters Isolierstege nach Abb. 118 aneinandergereiht und

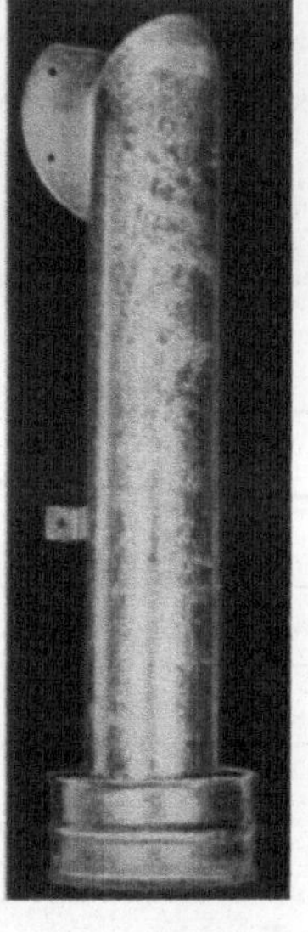

Abb. 117. Statischer Batterieentlüfter.

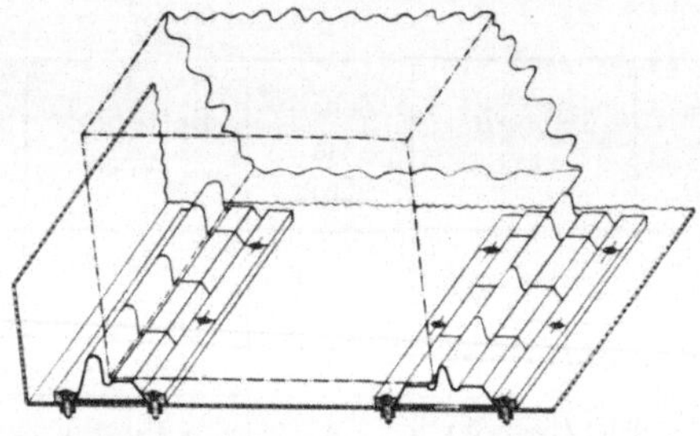

Abb. 118. Isolierstege im Batteriebehälter.

durch Flacheisen befestigt. Man unterscheidet Mittelstege in T-Form und Außenstege in L-Form.

Zwei Reihen bilden je eine Bahn, auf welcher der Batterietrog unverrückbar steht, wenn die Behältertür geschlossen ist. Bei heruntergeklappter Tür kann der Batterietrog herausgezogen werden.

4. Umformer und Wechselrichter.

a) Einanker-Umformer: LJ/UJ/600/24/16 (Bosch).

Eingang: Gleichstrom 24 V, 35 A   4500 U/min
Ausgang: Wechselstrom 2 Phasen, 600 W 150 Hz
     2×16 V, 20 A, $\cos\varphi = 1$.
Gehäusetemperatur bis 90° C.
Zu dem Umformer gehören noch 2 Transformatoren.
Die Beschreibung ist auf S. 116 wiedergegeben.
Abmessungen des Umformers: $285 \times 160 \times 185$ mm.
Gewicht: 10 kg.

b) Motorgenerator: LJ/UT/1200/24/220/1 (Bosch).

Eingang: Gleichstrom 24 V.
Ausgang: Wechselstrom 220 V; 1200 VA., 100 Hz.
Gewicht: ca. 32 kg.
Abmessungen: $425 \times 240 \times 270$ mm.

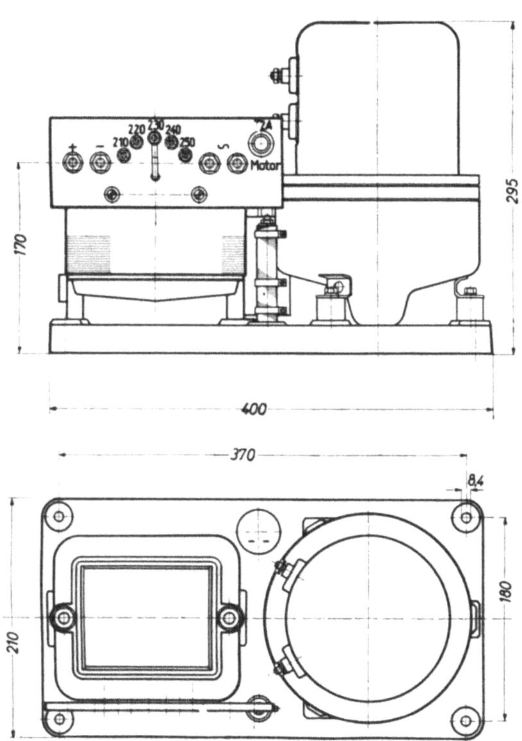

Abb. 119. Maßbild des Turbowechselrichters.

c) Turbowechselrichter: Derselbe ist auf S. 118 beschrieben. Abmessungen des Turbowechselrichters gehen aus Abb. 119 hervor.
Gewicht: 32 kg (1000 VA; 100 Hz).

Type	Gleich-spannung V	Wechsel-spannung V	Frequenz Hz	Leistung VA
TW 750/ 50/24	24	220	50	750
TW 1000/ 50/24	24	220	50	1000
TW 1500/ 50/24	24	220	50	1500
TW 750/100/24	24	220	100	750
TW 1000/100/24	24	220	100	1000
TW 1500/100/24	24	220	100	1500
TW 1000/100/110	110	220	100	1000
TW 1500/100/110	110	220	100	1500
TW 3000/100/110	110	220	100	3000

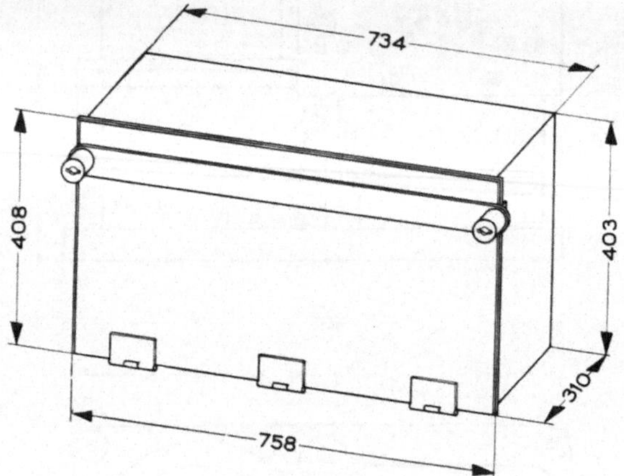

Abb. 120. Eiserner Behälter für Umformer oder Turbowechselrichter.

Der Umformer oder der Wechselrichter mit Zubehör wird in einen Eisenbehälter eingebaut, der am Wagenkasten aufgehängt wird. Abmessungen sind aus Abb. 120 ersichtlich.

5. Beleuchtungsinstallation in Eisenbahnwagen.

Das Leitungsnetz der Beleuchtungseinrichtung in Eisenbahnwagen soll so sorgfältig verlegt werden, daß unbedingte Betriebssicherheit auch bei dem rauhen Eisenbahnbetrieb gewährleistet ist. Wenn auch die Anlagen meistens Niederspannung (24 V) führen, so werden doch möglichst die Vorschriften des VDE berücksichtigt. Dabei wird auf gute Befestigung der Leitungen und stabile Klemmverbindungen besondere

Sorgfalt verwendet, damit nicht durch die Erschütterungen während der Fahrt die Drähte schwingen können und dadurch ein Bruch der Leitungen oder ein Lösen der Verbindungen eintritt.

Bei Zugbeleuchtungseinrichtungen mit Niederspannung muß auf geringen Spannungsabfall geachtet werden, der bis zur letzten Lampe im Wagen nicht mehr als 1 V betragen soll. Es werden daher reichlich große Leitungsquerschnitte gewählt.

Vom Lichtgenerator und der Batterie führen die Hauptleitungen unter dem Wagen über eine Wagenbodenklemmleiste zu der Schalttafel im Wageninnern oder dem Schaltkasten. Die Leitungen unter dem Wagen werden meistens in Panzeraderkabel verlegt. Auch eine Leitungsverlegung in Stahlrohr ist hierfür gebräuchlich.

Für die Lichtstromkreise im Wagen werden Gummiader- oder Kunststoffleitungen in Isolierrohr oder Isolierschlauch, ferner auch Rohrdraht, verwendet. Auch können Leitungen in Kanälen verlegt werden. Die Deckleisten derselben sollen leicht abgenommen werden können, um etwaige Leitungsfehler zu beheben.

Der Lichthauptschalter befindet sich, je nach Wagengattung, auf der Schalttafel, dem Schaltkasten, oder innerhalb des Wagens an einer Stirnwand oder Querwand. Derselbe besitzt 2 oder 4 Schaltstellungen, $0\text{-}^1/_1$ oder $0\text{-}^1/_2\text{-}^1/_1\text{-}^1/_2$. Auf Stellung „0" ist die gesamte Beleuchtung ausgeschaltet. Auf Stellung „$^1/_2$" sind so viel Lampen der Wagenbeleuchtung angeschlossen, daß das Wageninnere und die Seitengänge, Vorräume, Nebenräume und Toiletten genügend beleuchtet werden. Diese Schalterstellung hat den Zweck, bei einer Störung des Lichtgenerators den Stromverbrauch einzuschränken und dadurch die Batterie vor frühzeitiger Erschöpfung zu schützen. Dadurch soll es ermöglicht werden, den Zielbahnhof noch mit Beleuchtung zu erreichen.

Bei Stellung „$^1/_1$" des Lichthauptschalters sind alle Lampen der Wagenbeleuchtung eingeschaltet, sofern sie nicht durch Einzelschalter abgeschaltet sind.

Der Lichthauptschalter in den Personenwagen der DB erhält fast durchweg einen Vierkantdorn, der mittels eines Vierkanthohlschlüssels bedient wird, damit nicht Unbefugte den Schalter betätigen können.

Bei Bahnpostwagen, Schlaf- und Speisewagen besitzt der Hauptschalter einen Schalterknebel oder ein Handrad.

Von dem Hauptschalter zweigen die Stromkreise ab, von denen jeder für sich gesichert ist. An Stelle der bisher verwendeten Schraub-

sicherungen für die Beleuchtungsstromkreise und sonstigen Stromverbraucher werden neuerdings auch Sicherungsautomaten angewendet.
Eine Merklampe, welche im Schaltschrank oder in der Nähe desselben
angebracht ist, zeigt durch ihr Leuchten während der Fahrt an, daß der
Achsgenerator arbeitet. Diese Lampe ist an den Klemmen $+M$ und $-$
des Reglergerätes angeschlossen.

In den Abteilen der Eil- und D-Zug-Wagen liegen die Lampen an
Einzelschaltern, damit die Reisenden die Beleuchtung nach Belieben
ein- und ausschalten können. Ferner hat jedes Abteil eine blaue oder
Sparlampe in zwangsläufiger Wechselschaltung mit den hellen Lampen,
damit der Raum bei ausgeschalteter Beleuchtung nicht völlig dunkel
wird.

Die D-Zug-Wagen der DB mit Glühlampenbeleuchtung haben

in den Abteilen I. und II. Klasse 3 Opallampen 40 oder 25 Watt,
in den Abteilen III. Klasse 2 Opallampen 40 oder 25 Watt,
in den Vorräumen, Toiletten und im Seitengang 10 Opallampen 15 oder
25 Watt.

Die modernen D-Zug- und Reisezugwagen der DB erhalten, wie
schon auf S. 124 angeführt, durchweg Fluoreszenzbeleuchtung.

Die Bestückung des Reisezugwagens ist

in der II. Klasse 10 Leuchtstofflampen zu je 40 W,
in der III. Klasse 5 Leuchtstofflampen zu je 40 W,
in den Vorräumen, Toiletten und Mittelgang 5 Leuchtstofflampen zu je
20 W.

Der Leitungsplan eines neuen D-Zug-Wagens der DB (BC 4 ü) mit
Fluoreszenzbeleuchtung ist in Abb. 121 dargestellt.

Die Bestückung ist in den Abteilen

der II. Klasse 1 oder 2 Leuchtstofflampen 40 W,
der III. Klasse 1 Leuchtstofflampe 40 W,
in den Vorräumen, Toiletten 6 Leuchtstofflampen zu je 20 W und im
Seitengang 11 Glühlampen zu je 5 W.

Über jeder Sitzreihe der II. Klasse sind noch 3 Leseleuchten mit
Glühlampe zu je 5 W angeordnet, die in den Schirmnetzen eingebaut
sind. Die Leseleuchten können, jede für sich eingeschaltet werden, aber
nur dann, wenn das Hauptlicht am Abteilschalter ausgeschaltet ist.

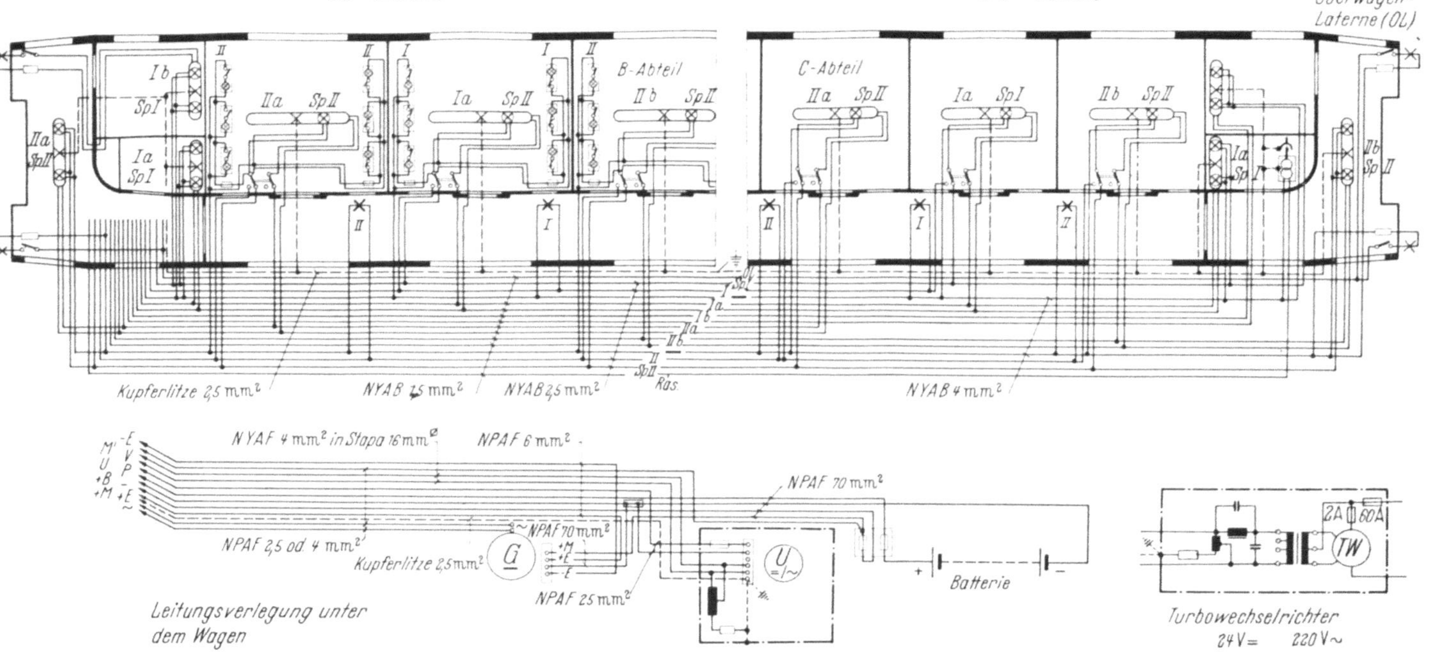

Abb. 121. Leitungsplan für D-Zug-Wagen mit Leuchtstofflampen.

In Abb. 122 sind verschiedene Installationsteile für Zugbeleuchtung dargestellt.

Die 4 polige Wagenbodenklemme (*b*) dient zum Anschluß der flexiblen Ableitkabel des Achsgenerators an die fest verlegte Kabelleitung unter dem Wagen. Die einpolige Klemme (*c*) wird für die Verbindung starker

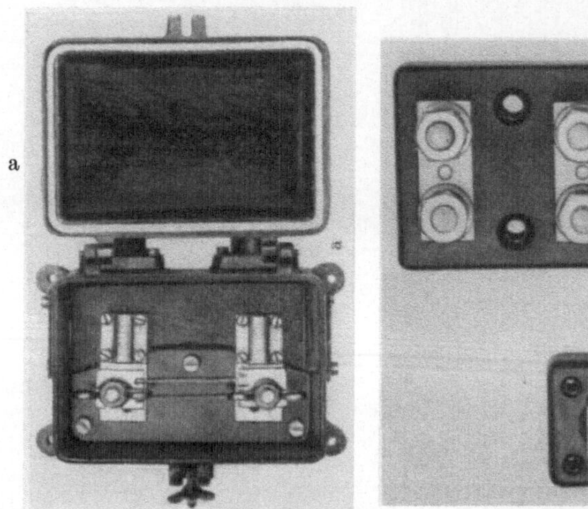
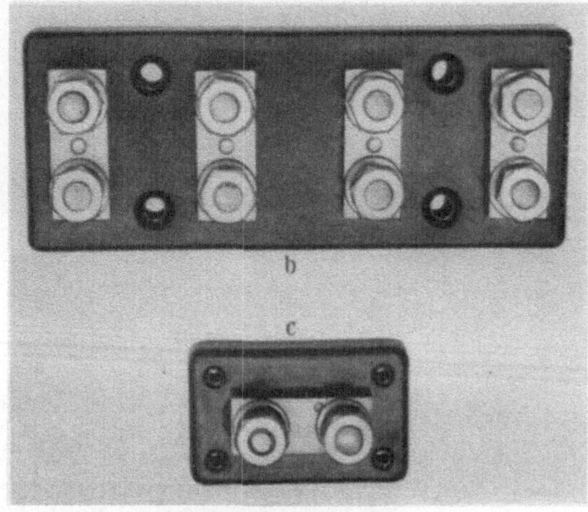
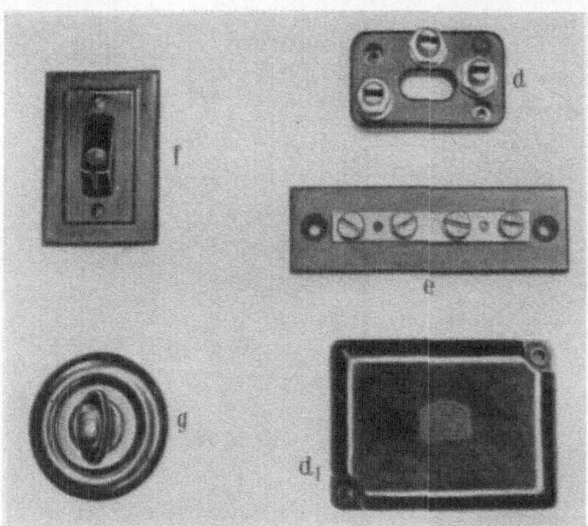

Abb. 122. Verschiedene Installationsteile.

a Sicherungskasten, *b* vierpolige Wagenbodenklemme, *c* einpolige Klemme, *d* dreipolige Abzweigklemme mit Schutzkappe d_1, *e* Minus-Verteilerklemme, *f* Wippenschalter, *g* Drehschalter.

Kabelleitungen angewendet. Die 3polige Abzweigklemme (d) mit Schutzkappe d_1 findet bei der Leitungsverlegung im Wagen Verwendung, ebenso die Minus-Verteilerklemme e. Der Wippenschalter f (ein- oder zweipolig) und der Drehschalter g, die sich für verschiedene Spezialschaltungen einrichten lassen, werden als Abteilschalter gebraucht.

Der wasserdichte Sicherungskasten (a) wird für die Absicherung von Generator, Batterie und größere Stromverbraucher verwendet, die unter dem Wagen angebracht sind. Als Einsatz dient eine Streifensicherung bis 200 A.

Die Leuchten und sonstigen Armaturen sowie das Installationsmaterial werden jeweils der Wagengattung angepaßt und sind daher sehr vielgestaltig. An dieser Stelle konnte nur auf die wichtigsten Installationsteile hingewiesen werden.

Firmen, deren Erzeugnisse in diesem Buch genannt sind.

AEG (*Allgemeine Elektricitäts-Gesellschaft*, Berlin).

AFA (*Accumulatoren-Fabrik Aktiengesellschaft*, Hagen/Westf.)

ASEA (*Allgemeine Schwedische Elektrizitäts-Aktiengesellschaft*, Västeras).

BBC (*Brown, Boveri & Cie*, Baden/ Schweiz und Mannheim).

Robert Bosch GmbH, Stuttgart.

DEAC (*Deutsche Edison-Akkumulatoren Company* GmbH., Frankfurt a. M.).

EVR (*L'eclairage des Vehicules sur Rail*, Paris/Frankreich).

FABEG (*Fahrzeugbeleuchtung - GmbH.*, Bretten).

GEZ (*Gesellschaft für elektrische Zugbeleuchtung m. b. H.*, Berlin-Frankfurt a. M.).

Hagenuk GmbH., (vorm. Neufeldt & Kuhnke GmbH.), Kiel.

MAN (Maschinenfabrik Augsburg-Nürnberg AG).

Mather & Platt Ltd., Manchester, England.

Osram GmbH. KG., München.

N. V. Philips' Gloeilampenfabrieken, Eindhoven/Niederlande.

Pintsch-Bamag AG., Dinslaken.

Pintsch-Electro GmbH., Konstanz.

SAFETY (*The Safety Car Heating and Lighting Company Inc.* New Haven. Conn. USA).

Ernst Siegling GmbH., Hannover.

Spicer Manufacturing Division, Toledo-Ohio, USA.

J. Stone & Company (Deptford) Ltd. Deptford-London/England.

SSW (*Siemens-Schuckertwerke Aktiengesellschaft*, Berlin-Erlangen).

Siemens-Schuckertwerke Aktiengesellschaft, Wien II.

Abkürzungen:

DB — Deutsche Bundesbahn
DBP — Deutsche Bundespost
DSG — Deutsche Schlaf- und Speisewagen-Gesellschaft.
RIC — Übereinkommen über die gegenseitige Benutzung der Personen- und Gepäckwagen im internationalen Verkehr.

Fachliteratur.

Büttner*:Beleuchtung von Eisenbahn-Personenwagen 1.-4. Aufl. Berlin: Springer.

Wölke*: Die elektrische Beleuchtung von Eisenbahnfahrzeugen bei der Deutschen Reichsbahn. Verlag: Verkehrswissenschaftliche Lehrmittelgesellschaft m. b. H. bei der Deutschen Reichsbahn, Berlin 1935.

Studiengemeinschaft Licht e.V., Wiesbaden*: Ein kleines Kapitel praktischer Lichttechnik (1954).

Schön, L., u. Th. Höwer*: Eine neue Zugbeleuchtung ETZ-A, H. 2, 11. Jan. 1954.

Schlee, H.: Die neuere Entwicklung der elektrischen Einzelwagenbeleuchtung im Bundesgebiet ETZ-B, H. 11, 21. Nov. 54.

Schäfer, H. D.: Eine neue Regeltechnik für die Zugbeleuchtung. Glasers Annalen H. 2, Febr. 54.

Baur, H.*: Die elektrische Stromversorgung der Leichtmetall-Gliedertriebzüge. Glasers Annalen Bd. 77 (1953) No. 6/7.

Baur, H.*: Die Beleuchtung der Leichtmetall-Gliedertriebzüge, Glasers Annalen Bd. 77, (1953) No. 6/7.

Baur, H.*: Klimaanlagen in Reisezugwagen. Die Bundesbahn Bd. 27 (1953), No. 2.

Baur, H.*: Beleuchtung der amerikanischen Personenwagen. Glasers Annalen (1. April 1939).

Rehberger, G.*: Die Leuchtstofflampenbeleuchtung in den Reisezugwagen der Deutschen Bundesbahn, Eisenbahntechnische Rundschau, H. 4, 1953.

Kühn, E.: Beleuchtung in Eisenbahnwagen mit Niederspannungs-Leuchtstofflampen für unmittelbare Gleichstromspeisung. Verkehr und Technik H. 12, 1952.

Lüttich, W.: Neuzeitliche Innenbeleuchtung von Nahverkehrsfahrzeugen. Verkehr und Technik H. 10, 1954.

Böhm, H.*: Turbowechselrichter mit Quecksilberstrahl für die Stromversorgung von Zugbeleuchtungsanlagen mit Leuchtstofflampen. AEG-Mitteilungen H. 11 u. 12, 1952.

Manz, O.*: Die Fluoreszenzbeleuchtung in Eisenbahnwagen. Brown-Boveri-Mitteilungen, Juli 1952.

van Daalen, E. A.: De verlichting bij de Nederlandsche Spoorwegen. Elektro-Technick, No. 3, Februar 1954.

Plügge, H.: Die Entwicklung der Bahnpostwagenbeleuchtung in den Nachkriegsjahren. Zeitschrift für das Post- und Fernmeldewesen H. 15, Jahrgang 6/1954.

Sauerland, C.: Stromversorgung in Bahnpostwagen mit Niederspannungs-Leuchtstofflampen. Mitteilungen aus dem Posttechnischen Zentralamt, I. Teil, Heft 14/1953, II. Teil, Heft 16/1954.

---

* auszugsweise in diesem Buch verwendet.

Berichtigung.

Seite 14, Zeile 33 statt cm³ **lies** dm³.

„ 40, „   5 statt Hebelarm c **lies** Hebelarm a.

„ 105, „   20 statt der wenig gebräuchlichen symbolischen Schreib-
weise $W = R \mathbin{\widehat{+}} \omega L$ **lies** $W = \sqrt{R^2 + (\omega L)^2}$.

„ 115, Tabelle 2 statt Lichtstrom in lm/W **lies** Lichtstrom in lm.

„ 149, Zeile 4 statt $\varrho = \varrho\, S\, 15\,[1 + \alpha\,(t - 15)]$
lies $\varrho = \varrho_{15}\,[1 + \alpha\,(t - 15)]$.

Aumüller, Elektr. Beleuchtung.